職場不友善 你該怎麼辦

寫給年輕人的 就業×加薪×升遷祕笈！

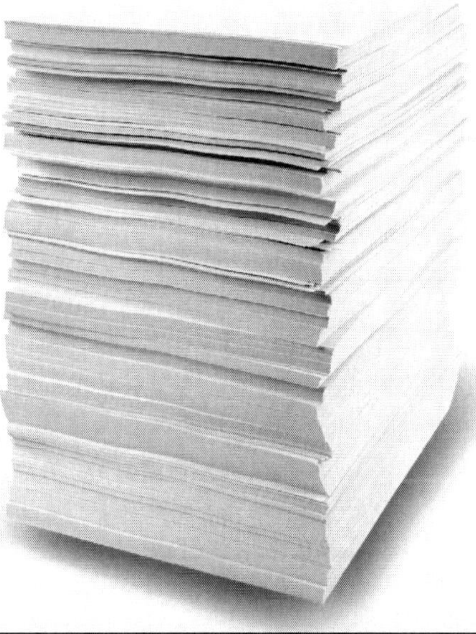

楊仕昇——著

一本致年輕世代跨入職場的書

——找工作到底要「先求有，再求好」，還是寧缺毋濫？
——進公司一直被當打雜，這份工作還有前途嗎？
——文組生起薪很低，真的無法可解嗎？

目錄

目錄

目錄

前言

據相關調查資料顯示，在一九八〇年到一九八九年之間出生的人口約為二點零四億，意味著約有兩億的年輕人成為了新一輪的職場生力軍。當這一年輕世代群體逐漸進入職場舞台時，他們就已經行走在奔向三十歲的路上了。於是「三十而立」的人生事業話題，再次成為年輕世代關注的焦點。

在這樣一個看不見硝煙的職場上，年輕世代仍未擺脫稚嫩，這裡的「潛規則」、人際障礙、工作壓力常常讓他們疲於應對。當初他們懷著「畢業後三年進入管理階層」、「五年後賺到第一桶金」等等豪情壯志跨入職場大門；但十年後的今天，能實現這些發展目標的卻寥寥無幾。他們滿是迷茫，一邊渴望保持自己的個性，一邊又在思索如何改變自己，一展抱負。對於大多數年輕世代而言，不可否認他們的職業發展步入「瓶頸期」。

據統計，有八四%的人在自己的職業生涯中遭遇過瓶頸。加薪無望、職位停滯、工作無趣……。從長期來看，其根本辦法是培養從業者自身的就業能力。那麼從企業用的角度考察，一個從業者的就業能力，也即是他的職場核心競爭力。

首先是學歷和主修科系，企業都會考查職位對學歷或主修科系有什麼要求，也由此判斷員工是否符合職位的基本要求。時刻保持知識的領先是決定職業高度的基礎。然後就是綜合技能。專業技能可以解決上手快慢的問題。可轉換技能是不同職位之間轉換的工作能力，也是一個人持續發展的基礎。例如溝通能力、協調能力、問題解決能力、計畫能力和學習能力等。再者就是工作經驗，它包含的內容相當廣泛，如行業經驗、職業經驗、企業經驗等等。這裡要區別另外一個相近的詞——經歷。經歷不等於經驗，只要是你親身見過，做過或遭受過的事都可算作工作經驗，但要將這些經歷變成有價值的經驗，才能成為我們的就業能力。

最後就是職業素養。在職業內的規範和要求，包含習慣、職業成熟度、主動性和壓力承受等方面。這些都是長期形成的，影響一個人發展潛力的特質。職業素養指的是職業人在從事職業中盡自己最大能力把工作做好的素質和能力，它不是以某件事做了會對個人帶來什麼利益為衡量標準，而是以這件事與工作目標的關係度為衡量標準的。更多時候，良好的職業素養是衡量一個職業人成熟度的重要指標。

從這四個方面可以清晰認識自己目前的現狀，結合你未來的職業規劃評判自身是否具有了較強的就業能力。特別是在你遭受職業瓶頸時，就可以透過這四個方面進行自我分析，從而打造終身就業能力，在職業發展道路上越走越遠。

本書從職場案例故事入手，以「年輕世代」自身的生活軌跡和性格特點，結合人生的哲理與感悟，展示了「年輕世代」職場的真實面目，從職業規劃，職業潛能，職業瓶頸等多方面闡述，結合職場跳槽、加薪和晉升等熱門話題。像一位資深職場顧問專家一樣指點迷津，撥開迷霧，來幫助你認清優勢，改正缺點，獲得職場打拚的生存智慧，短時間內把自己打造成一位職場高手，探索出縱橫職場的成功之道。

如果「年輕世代」的你需要一本幫助自己叱吒職場的書，那麼，這本書將會是你的職場專業的指導全書，一部為你量身打造的職業規劃聖經！

第一章　做好你的職業規劃

有點叛逆囂張，有點浮躁張狂；很多人這樣認識「年輕世代」。他們能夠無所顧忌的追求自己的夢想，也能夠「快速成功」從而締造自己的事業，也有些人這樣看待「年輕世代」。而這些評價對於他們來說卻是不以為然。在激烈的市場經濟競爭下謀求生存，又遭遇質疑及羨慕的同時，「年輕世代」們是否也應該想想自己的職業規劃。

謹慎先就業，再擇業

「先就業，再擇業」，這已成為近年來年輕畢業生面對激烈就業競爭時，不得不做出的選擇。就目前情況來講，這或許是一個可行的辦法。但我們還要對這一辦法可能帶來的隱憂有所認識，並防患於未然，否則很容易陷入到瓶頸之中。

首先，「先就業，再擇業」很容易使一些大學生產生「騎驢找馬」的心理，即先找一個工作「保底」，有了更好的公司再毀約。這樣擇業便直接導致了頻繁「跳槽」，大學生得為單方毀約付出代價；用人單位則無法正常發展預設的工作專案，重新招人又要再費周折。曾有人資部門每年都為當地四十多家知名企業在大學進行專場徵才活動，去年在當地大學招聘了八百多名畢業生，但進公司後還沒過試用期，就有近五百人離開了。而像這樣的情況十分常見。

此外，大學生盲目擇業、隨意就業，還會陷入「兩難」的尷尬。據調查發現，大多數學生持「先就業再擇業」的態度，高達六〇%的學生擇業時感到「茫然」。擇業「茫然」是多因素造成的，有的在進校之前選擇了「不是自己喜歡的科系」；有的則認為「四年所學能用到工作崗位上的知識很少」；也有的因為個人興趣改變等。

一位二十三歲的大學畢業生小兵這樣說：「記得我在大四的時候，系裡面的老師告訴我們的最多的一句話是『先就業，再擇業』。其實按理說這也是在嚴峻的就業形勢下的權宜之策，系裡面也有學校壓下來的『就業率要求』，不過他們不會考慮學生以後會怎麼樣，能把你賣出去就是勝利。但是等你工作一年之後，你突然發覺這句『先就業，再擇業』的殺傷力有多大。這個時候你會發現你的職業選擇餘地一下子變得很窄，比如當初無奈時你選擇的行業是做市場行銷，想跳槽？那不好意思，你跳出來還繼續等著再做市場行銷吧。因為，如果一個公司要招聘新人，他們對應屆畢業生和有工作經驗員工的態度是不一樣的，應屆畢業生就是一張白紙，公司會培訓你，教會你他們要你做的東西，所以也就不會太在意你在學校所學習的科系；如果你不是應屆生，那就不一樣了，公司會要求你工作馬上到位，想轉行？那比你找工作還困難。所以你如果真的抱著先找個工作做著的心態來就業，那麼你的下場很可能就是一到公司不到一年就開始把課本翻出來——考研究所！一句話，擇業，一定要慎重！」

小兵的話不無道理，實際的就業情況也的確如此，「先就業，後擇業」的方法儘管讓一些人暫時先找到了飯碗，但同樣可能會讓他們淪落到更大的職業瓶頸中去。

李軍前年大學畢業後，進入現在這家公司的，工作一年多下來，感覺仍然不適應——整天面對會議和複雜的人際關係，一點工作熱情都激發不起來。李軍後悔當初沒有「先擇業，再就業」。其實李軍在畢業前夕，一直是以「先擇業」為方向的。只因就業市場供大於求，而李軍又缺乏擇業的判斷依據，同窗好友、至愛親朋，七嘴八舌，各述「高見」，剛畢業的李軍一頭霧水，不知如何是好。臨近畢業，眼看著同學們陸續找到了東家，而自己卻高不成低不就，面對父母期盼的目光，李軍有點著急了。正巧現在這家公司對他頗有意向，於是抱著「先就業再說」的想法，李軍匆忙的簽下合約。

工作一年下來，李軍積下了滿腹的感慨：「這份工作真的很不理想，我做的是公司裡比較低階的工作，沒辦法，為了生計，只能先這樣。我知道我要一步一個腳印的走，但是看看我們公司，老闆連國中都沒有畢業，憑著豐富的社會經驗和交友圈當上了老闆。員工裡有四分之三的人是國高中教育程度，弄了張假文憑混進了公司，年齡還沒有我大，處事經驗卻比我多，薪水也比我賺得多。其中有一個還是我的頂頭上司，整天吩咐我做這做那的，怎麼做都覺得心裡不平衡，薪水給得又不多，學校裡學的東西一點也用不上，而需要學的卻是些如何討好上司，這樣我確實難以接受。」

如今仍不適應的李軍想到了跳槽，可是跳槽了還繼續從事這個行業嗎？還是找本科系的工作？李軍知道，找本科系工作並不比剛畢業時候容易。後悔藥既然已難買，那如何降低損失，重新揚起職業生涯的風帆呢？

其實市場競爭的背後是人才的競爭。盲目的追求「先就業，再擇業」，很容易留下後遺症，最終落入進退兩難的境地，引發就業上的瓶頸。有鑑於此，對於是否選擇「先就業，再擇業」這種途徑，還是慎重考慮之後再做決定為好。

搭錯車，入錯行

俗話說「女怕嫁錯郎，男怕入錯行」。在職場上，有時候工作就像在等公車，不想坐的那班車接二連三頻頻停留在你的面前，而真正想坐的，卻怎麼也等不到，如果你一時不慎搭錯了車，那便南轅北轍無法到達目的地了。我們每個人，在面臨眾多職業的時候，難免會花了眼、亂了心，做出錯誤的選擇——像搭錯了車一樣，入錯了行，結果陷入了瓶頸的境地。

在遊戲市場上，有家公司發展飛快，這個公司團隊的領導者叫黃加陽，這個年輕男孩，絕對是聰明至極。但是，在這家公司之前，他卻花了六年時間在網路社群裡奮鬥，結果一無所獲。就如他自己所言：自己選錯了行業方向，導致自己浪費了六年的光陰。還好黃加陽及時抽了身，沒有繼續錯下去。但是他為此還是付出了六年時間的代價，人生之中又能有幾個六年呢？

和黃加陽相比，趙眉就沒有那樣幸運了。趙眉從她上班那天開始，工作一直不盡如意。她本來是學服裝設計的，當初找工作時她覺得在貿易公司做市場開發待遇高，於是選擇去了貿易公司。一段時間以後，由於業績遲遲沒有提高，她感到身心疲憊，對工作產生了厭倦。志氣很高的她感到還是自己做更好，於是聯繫了幾個同學一起做服裝生意。

本以為自己是服裝設計系出身，做服裝生意有優勢，可是服裝銷售和服裝設計畢竟不是同一件事，不到半年，生意虧本不說，同學間也因為利益鬧得不歡而散。無奈，趙眉只好再找地方打工，賺了錢還要還債。由於對自己環境的不滿意，她又換過幾個行業，結果每次都是從零開始，幾年下來，她感到幾乎找不到自己前進的方向了。突然又想從事自己當初最感興趣、最擅長的服裝設計，可惜現在的她，專業知識忘得差不多了，已經變得相當生疏，再想做已經很難。

儘管趙眉經歷倒是很豐富，跨了幾個行業，可是每個行業她都沒有做得成功。現實的殘酷使趙眉陷入進退兩難的尷尬境地，這是她當初無論如何都沒有想到的。當初欠下的債務還尚未還清，如今她需要面對的是生活上的瓶頸和渺茫的前途，各方面的壓力讓她感到自己已經無路可走。

可見，入錯行之後得到的只能是徒勞和失敗。像趙眉這樣因搭錯職業這趟車而備感無奈和迷惘的人並不在少數。有很多剛剛畢業的年輕人整天沒精打采，毫無工作與生活的樂趣，他們怨嘆工作的不幸和人生的無聊。為什麼他們會這樣悲觀呢？主要是因為他們正做著自己不感興趣的事。

我們常常看到這樣的情況：有些人有不錯的學識，但是因為所從事的職業與他們的才能不相配，結果久而久之竟使原有的工作能力都失去了。由此可見，不稱心的職業最容易打擊人的精神，使人無法發揮他的才能。

任何職業只要與你的志趣相投合，你就絕不會陷於失敗的境地。年輕人一旦選擇了真正感興趣的職業，工作起來也會特別賣力，總能精力充沛、神氣煥發，能愉快的勝任，而絕不會無精打采、垂頭喪氣。同時，一份合適的職業還會在各方面發揮你的才能，並使你迅速的進步。

小薇是一家公司的總裁祕書，她大學也是文書行政，她自己也相當喜歡這份工作。她在這家公司已經效力了整整四年，而總裁換了五個，而小薇卻始終是歷任總裁信任的祕書，這在任何公司都是不多見的。小薇並非相貌出眾、個性張揚的人，但作風嚴謹、工作很少夾雜個人好惡，加上積極能幹，熟悉公司業務，能給予總裁極大的工作幫助，因而成為每位總裁的得力助手。

許多人認為這個整天默默工作的小女子肯定有別人不知道的職場「祕笈」，小薇卻淡淡的說：「在其位，謀其事，我只是選對了我所喜歡的行業，並盡力做好本職的工作罷了，沒有任何祕密可言。」那一年，小薇以一名資深優秀員工的身分就任公司人力資源部經理，走進了公司決策層，她的前途被公司高層一致看好。

有人對一百位退休老人進行了問卷調查，其中，有一道題是這樣問的：「回顧你的一生，你最大的遺憾是什麼？」他們的答案大大出乎我們的預料：他們之中竟然有九〇%的人覺得一生中最大的遺憾是選錯了職業！

據統計，在選錯職業的人當中，有八〇%以上的人在事業上是失敗者。許多人之所以勤奮工作仍不能成功，就是因為選錯了職業，走的是一條南轅北轍的路，他們越是在這條路上努力，成功離他們也就越遙遠。再怎樣的勤奮努力、百折不撓，瓶頸卻像揮之不去的夢魘一樣，依然伴隨其左右，他們的腳步總是徘徊在瓶頸的邊緣，稍有不慎便會被捲入職業瓶頸的漩渦。

因此，所謂的好工作，並不是高薪資、好環境、時髦行業，而是真正適合你的性格與特點的。因為那些好的條件都只是暫時的，只有真正適合自己的工作，你才會感到快樂和有很大的發展。入錯行和搭錯車一樣，會造成職場上不可想像的瓶頸。所以年輕世代的上班族們在從事某一行業之前一定要仔細思考，自己選擇的這個行業是否適合自己。

看清自己的跑道

人的雙眼可以看到世間萬物，卻總是無法看清自己。看到了別人的過失，卻不能看到自己的缺陷；看到了別人的貪婪，卻不能看到自己的無厭；看到了別人的蠢笨，卻不能看到自己的愚痴。

在希臘的阿波羅神殿上有句世界上流布最廣、影響最深的箴言：「人啊，認識你自己！」職場上最重要的事情就是認識自己，看清自己的位置，找到屬於自己的跑道，這才會突破瓶頸，走向成功。

古往今來，大凡成功人士都是在自己的專長裡獲得成績的。在一個人出生伊始，他或許並不知道自己擅長什麼。當他懂事後就會發現：自己可能會比別人跑得快一些；自己的語言很有說服力，這很可能就是他的專長。

隨著奧運會圓滿結束。體育健將創造了體育代表團參加奧運會以來的最好成績，實現了歷史性的重大突破。可是在奧運賽場上的這些冠軍中，卻有這樣一個現象：很多金牌得主當初訓練的項目並非就是今天得金的項目，也就是說，有很多運動員都是「改行」之後獲得成功的。

例如：女子舉重六十九公斤級運動員，五破世界紀錄成功衛冕，誰又能想到這個舉重台上最耀眼的明星居然是當年被柔道隊「拋棄」的呢？取得奧運射箭金牌的女子射箭運動員，她最初是鐵餅運動員出身，後來改練射擊，最後才開始練習射箭，十四歲以前她都沒有摸過弓。

其他還有很多這樣的例子，男子雙人三公尺跳板跳水冠軍，雙雙脫胎於體操；有人先練長跑，再練摔跤，最後柔道奪金；有人曾先後練習過體操、技巧，最終才轉練彈翻床；有人曾是遭受捨棄的水球守門員；有人原本曾是跳高運動員，副項是一百公尺短跑……

各國運動員也同樣有不少是「改行」後奪金的。北京奧運會首枚金牌——女子十公尺空氣步槍冠軍獎牌，被二十五歲的捷克女孩卡特蓮娜．埃蒙斯奪去。但她十年前是游泳健將。北京奧運會女子擊劍個人決賽冠軍、二十三歲的美國女孩瑪麗埃爾．扎格尼斯，當年是叱吒風雲的足球小將……

奧運健將「改行」後的成功，告訴人們一個簡單的道理：先看清楚自己，然後再看選擇走哪一條路更適合自己。我們在職場上也是同樣道理，成功者的訣竅在於他經營自己的長處，找到能夠發揮他優勢的最佳位置。

一個人在職場上成功與否，在很大程度上取決於自己能不能揚長避短，能不能找準適合自己發揮的行業，能不能善於經營自己的長處。也就是人們常說的「看清自己的跑道」。

俗話說：「尺有所短，寸有所長。」職場上，每個人都有他的優點和長處，適合做哪個行業，不適合做哪個行業，自己都應該心裡有數。若連自己都不知道自己有哪些長處和短處，那麼他早晚會掉進職業危機的沼澤。一個人在職場上不論是以短當長，還是以長當短，結果都會事與願違，得不償失。

一九五二年，愛因斯坦收到以色列政府的一封邀請信，以色列政府在信中懇請愛因斯坦擔任以色列總統。愛因斯坦是猶太人，若能當上以色列總統，在一般人看來，自是榮幸之至。但是愛因斯坦想都沒想就拒絕了。他說：「關於自然，我了解一點，關於人，我幾乎一點也不了解。我只會做一個科學家，不懂如何做一個總統。」

愛因斯坦的選擇是明智的，他自己知道自己的長處是什麼，也知道自己的短處是什麼，更重要的是他選對了自己的位置。在別人的眼裡，或許把能夠成為總統看作是無上的榮耀，但這並不是愛因斯坦的目標和志向。在政界裡，愛因斯坦失去了他的優勢，可能無法取得多少成就，更可能終日忙忙碌碌而得不到認可。這樣歷史上就少了一座科學巔峰。

知人者智，自知者明。技能好比是一座礦產，而主力產品則可能是礦山。假如我們的個人礦產只比別人豐富一點點，那麼我們能不能夠使它更加豐富一些呢？如果我們不比別人更富有，甚至更貧瘠的話，那我們如何讓自己成為那個不可或缺的人呢？要想不被人代替，你首先要看清自己的跑道，發現自己哪方面最閃亮，這樣才能發揮你的專長。

目前，在各領域都能發揮專長的人很多，即所謂複合型人才，如有些人才同時擁有註冊會計師和律師資格證書，但究竟應從事會計工作還是律師工作，得看其能否發揮專長。術業有專攻，才是聰明之舉。所以每個年輕人都要學會發現自己的長處，認定自己的目標，開拓自己的潛能，發揮自己的優勢，這樣才能避免陷入職業瓶頸的危機。

選好公司跟對人

你不能選擇出身，但能選擇跟著什麼樣的人創業。選對了，你的職場之路將暢通無阻；選錯了，你就很可能吃很多苦頭。所以年輕世代在進入職場之後，選好公司跟對人是非常重要的。

在選擇第一份職業的時候，你要盡量選擇那些優秀的企業，這個過程也許很難，但如果你能真的把握這個機會，就會享受到它帶給你的無限好處。

人人都知道名校出身的好處，但卻很少有人知道，名公司出身其實比名校出身更為重要。翻開那些成功人士的履歷，幾乎每個人都有在傑出企業的工作經歷。傑出企業究竟能給你帶來什麼呢？最重要的是帶給你自信，傑出企業挑選的一定是最傑出的人才，能進入這樣的企業已經證明了你的優秀。很多時候，自信不完全是天生的，也要靠後天累積。那些從傑出企業出來的人才，臉上都有著滿滿的自信。

比如瑪氏公司，它強悍得甚至有點傲慢的風格，也和他們號稱「消費日用品領域最嚴格的面試」有關，在一輪輪的淘汰競爭對手直到最後面對面的淘汰之後，自豪和驕傲的感覺便會油然而生。

優秀的企業就是優秀的商學院。唯有在傑出企業，你才能最快的學習到最優秀、最成功的職業技巧：只有在可口可樂，你才能深刻的感悟到什麼是生動化陳列；只有在寶潔，你才能深刻的感悟到什麼是嚴密的邏輯思維；只有在萊雅，你才能深刻的感悟到什麼是真正的運作一個品牌……而同樣的努力，同樣的時間，你在某些公司只是改變了你的語言習慣，把「通路」改叫「渠道」，把「企劃」改叫「市場策劃」。

傑出企業並不見得能提供最高的薪水，但是，這段經歷將影響你至深，並將改變你的思維模式，給你的職業道路打上深刻的烙印。在你規劃自己未來的人生時，也能體會到它帶給你的最大的方便。

選擇公司很重要，在公司內部跟對上司對你也有著至關重要的影響。好的上司不僅能在公司內部給你很多的指導和鼓勵，也能在思想行為上帶給你好的影響。而當你的上司有了升遷機會時，你也會跟著獲益，在公司獲得更高的級別。

閻愛傑當年攜瑪氏三十餘名區域經理空降一家酒商公司，很多跟過去的也是他當年在瑪氏的舊部。現在，他是「白酒終端第一人」，他的很多舊部屬也因此獲得了更多機會，很多區域經理拿的薪水在消費日用品行業已經是天文數字了。在行業競爭對手之間的跳槽及日益流行的「集體移植」往往令專業經理人遐想聯翩，一個主管帶著下屬集體跳槽帶來的企業之間的恩怨我們不去評說，單單這種互相信任和忠誠就夠讓人感動的了。

陸強華從一家科技公司拉走一百名銷售經理空降另一家科技公司，周險峰及三十餘名高階主管整體「移植」到新的數位科技公司，這些人前景無疑都是一片光明。不管怎麼說，職場也需要貴人，他可能是你事業中的一盞明燈，直接照亮你的職業前途，甚至改變你的一生。

話說回來，如果你不幸遇到不好的上司，那你就遇到了一隻攔路虎，你的職業之路也會變得頗多坎坷。你業績好的時候，他會把所有的功勞都算在自己頭上；業績差的時候，他會把所有的責任都推給你。他不能教你任何東西，也不允許你爬到他的頭上。他沒有升遷的機會，而你的前途也註定一片渺茫。

如果你是個經理，就更要找準自己的位置，爭取讓自己得到更多的機會。不管你多麼能幹，如果不受重用，你的事業發展也會停滯不前的。那麼，你要怎樣定位自己呢？看看這個例子：

太陽表面的溫度在攝氏一萬度以上，但是為什麼它連地面上的一張紙都燒不著呢？原因很簡單：第一，它離這張白紙太遠，距離越遠，作用力就越小；第二，它的大部分熱量都被大氣層折射和損耗掉了；第三，它太分散自己的能量了。陽光普照的結果就是哪裡都有陽光，哪裡的陽光溫度都不高。但是你只要用放大鏡把太陽的光聚焦到一點，就可以把紙點燃。

如果把公司策略比喻成太陽，把客戶價值比喻成紙，那麼你做什麼？在太陽面前，你只有兩種選擇：要麼做大氣層，把高層策略的大部分熱量都折射和損耗掉；要麼做放大鏡，把太陽的光芒聚集到一點，把紙點燃。顯然做大氣層是沒有好處的，那麼如何做放大鏡呢？

首先，要找準位置，就是把放大鏡和紙的位置搞清楚。放大鏡與紙的距離必須有一個恰當的位置，這樣才能把紙點燃。你要把位置找準，太遠了不行，太近了也不行。你要有「駕駛人」的心態，為自己也為身邊的人考慮。當你是乘客的時候，你可以打瞌睡，可以看外面的風景。但是當你是駕駛人的時候，你會發現你的心境完全變了，你的眼睛會一直盯著前方，你不能打瞌睡，也不能隨便看風景。你必須保證行車安全，必須保證所走的道路正確。現在你是駕駛，你帶領的員工就是乘客，你必須想辦法擴充自己的實力，並讓跟著你的人從中獲得好處。

一九三三年七月，松下決定投資開發小馬達。因為他發現家用電器中，使用小馬達作驅動的電器越來越多。過去馬達都是使用在大機器裡，但是如今家用電器的現代化趨勢，使得像電風扇這樣的很多小家電湧現出來，這些家電都需要用小馬達。松下相信家用電器中大量使用小馬達的時代即將到來，於是，松下幸之助就委任一個非常優秀的研發人員中尾，擔任新產品研發部部長。

中尾接受任務後，帶著部下買來的奇異公司生產的小馬達，著迷的進行拆卸與研究。

有一天，松下幸之助正好經過中尾的實驗室，看到中尾如此認真的工作，松下非但沒有表揚他，卻狠狠的批評了中尾：「你是我最器重的研究型人才，可是你的管理才能我實在不敢恭維。現在，公司的規劃已經相當大了，研究項目日益增多，你即使一天做四十八小時，無論如何也完成不了那麼多工作。所以作為研究部長，你的主要職責就是製造十個，甚至一百個像你這樣擅長研究的人，我相信你能做到。」松下這樣要求自己的部下，就是因為他認為，部長應當做部長的事，而不是做技術人員的活。如果這種思維不轉變，部長個人能力再強，也不可能把松下做成大公司。選擇公司，就要選松下這樣的好公司，它注重自身發展，也注重每個員工的發展。

好的公司不僅注重培養員工，也注重培養主管。因此，你如果是年輕世代的職場新人，應該選擇好公司；如果你是小有成就的專業經理人，更應該選擇好公司。即使你想自己創業，在一個好公司裡做上一段時間，對你也是沒有壞處的，相反，你會從中獲得很多好處。

不管什麼時候，選好公司跟對人，都是至關重要的一件事，這不僅影響到你的工作效率，也會影響你的事業成功與否。

定位自己的職業生涯

人生其實很短，在職場中拚搏的時間更短，從你投入職場工作到退休，不過短短二三十年的時間，因此沒有太多的時間可以虛度，也沒有太多的時間可以迷失。

許多在沙漠探險的探險家，他們出發之前一定做好嚴格的準備，目的地的地圖，綠洲在哪裡，沙漠的氣候變化如何，要準備足夠的水、食物，駱駝是否可以勝任，晚上要在哪裡休息，要去哪裡補充食物、飲水，會遇到什麼氣候，緊急應變計畫是什麼等等。一個完整的計畫不會讓探險家迷路，也不會讓他葬身沙漠。所以對於身在職場的我們來說，也是同樣的道理，為自己定好位，設定一個完整的計畫是避免走進職場瓶頸的第一個步驟。

剛剛完成學業的年輕人，總是意氣風發、信心百倍的想做出一番大事業，感覺美好的未來正等著他們。但是面對職業生涯這塊空白的畫布，你一定躊躇了，該先走哪一步呢？一幅好的彩繪，畫家掌握先描哪一筆，後描哪一筆是至關重要的，同樣，一個成功的人生，先走哪一步，後走哪一步也是至關重要的，這就需要你做好職業生涯規劃。

一個人從尋找第一份工作開始，經過一段漫長的經歷，一直到成就自己的事業為止，雖然每個人都有其不等的職業高度，但是發展的階段則是不變的，不同階段的職業環境，需要有不同的階段來配合，以符合我們的發展，所以我們必須要有職業生涯規劃的觀念。

上個世紀的一項重大發現，就是認識到人的思想能夠控制行動。你怎樣思考，你就會怎樣去行動。你要是對自己的人生有著美好的設計，你便會發揮自己的一切才能去落實這種設計，使自己的一切行動、情感、個性、才智與自己人生的設計相吻合，對於一些與自己的設計相衝突、相矛盾的東西，你會竭盡全力去克服、消除，對於有助於實現人生設計的東西，你會竭盡全力的去

第一章 做好你的職業規劃

定位自己的職業生涯

扶植、擴大，這樣，經過長期的努力和調節，你便會把你的設計變成現實。相反，如果你對自己的人生沒有要求，沒有規劃，沒有恰當的設計，心無大志，不思進取，雖然你有成功的欲望，但你不知道從何下手，不知道往哪個方向努力，東一榔頭西一錘子，最終只能是陷入瓶頸。尤其是一遇到少許挫折，便會偃旗息鼓，將成功的欲望淡化或壓抑下去，永遠不可能有所成就。

所以，人需要一個職場的定位，也就是對自己在職場的未來如何發展怎樣發展等問題進行具體的設計和規劃。這不但使職場中人的行動有所依據，而且還能開發人的潛能，提高工作的能力和效率。

IBM 的創始人湯瑪斯·華生原是美國一個小工廠的經理，但他不滿足於此，他決心建立起一個「國際商用機器公司」，並把這一夢想完整的做了一個計畫。然後按照計畫一點一點的努力奮鬥，經過堅持不懈的打拚，他不但把「國際商用機器公司」建立了起來，而且將它發展成一家十分成功的企業。華生去世前，有人問他從什麼時候起把建立「國際商用機器公司」作為自己的目標，華生回答說：「從一開始。」

夢想需要規劃，人生也需要設計。職業生涯規劃就是一張個人的人生職業地圖，它告訴你身處何處？你該朝哪個方向走？怎樣走，才是你的人生捷徑？地圖怎麼指引，你就會走出怎樣的道路來。許多人都忽略了職業生涯規劃的重要性，甚至於不懂得職業生涯規劃是什麼！

在現代社會中，一個想成功的人不懂得對自己的人生進行規劃和設計就太糟了。以前的人多半沒有什麼規劃和設計，他們在成長過程中大都是聽天由命，得過且過，只要有份工作，能有維持生存的收入就滿足了，因此他們發展的空間有限。現在就大不相同了，每個人都有必要根據自己的目標，根據自己的興趣和能力，認真的做好人生的規劃和設計，只有這樣，才能建造自己的事業大廈。

美國有一位名叫史都德．奧斯丁．威爾的人，以向雜誌社投稿賺取稿費為生，經濟非常拮据。後來他寫了一個發明家的故事，自己從故事中得到啟示，從而下決心改變他的一生。

他放棄記者的工作，回學校攻讀法律課程，準備做一名專利律師。認識他的人對於這項決定都極為驚訝，認為他發瘋了。對此他不急不躁，因為他有了一個新的職業計畫——當一名「全美最頂尖的專利律師」。他把這一計畫進行具體規劃後，開始付諸行動，在很短時間內，完成了法律課程。開業之後，他又刻意承辦最棘手的案件，使他很快揚名全國，案件應接不暇，果真成為「全美最頂尖的專利律師」，即使其收費高達天文數字，指名找他的客戶仍然是絡繹不絕。

人的一生都離不開工作，只不過人在一生中的不同時期，工作會發生不同的變動罷了。所以當每一個年輕人身在職場的時候，每個人都要多多少少得稱稱自己的斤兩，並分析自己所追求的目標及價值，給自己定好位置，然後根據自身的情況和個人目標為自己制定一份職業生涯的規劃，這樣才能有效的避免在職場中因漫無目的而引發的瓶頸。

選擇自己感興趣的職業

在職業發展的進程中，選擇一個你擅長的、感興趣的工作，對於年輕人來說是非常重要的。這可以讓你工作起來充滿快樂和靈感，事半功倍，從而可以使你在職場發展的道路上順風順水。

我們知道，思考某件令人討厭的工作時，會發生胃痛或頭暈的現象，人類與生俱有的生命力會對本身的喜惡加以控制，當它著急要把討厭的工作排除時，表現在身體方面就是對一種刺激反應速度放慢。

當你做自己感興趣的工作時，體內的血壓和荷爾蒙的分泌會很均衡正常，這是生命力的作用，會促使你產生好的印象，思考自己喜歡的工作中發生的問題，即使不能立刻尋到答案，也會在睡夢中繼續不厭倦的思考。所以，作為新員工的你，在事業起步的關鍵時期，一定要走對第一步，千萬不要選錯了工作。

王亞楠在三十歲生日時，決心要實現她小時候的夢想，那就是做一名專業的主持人。她十歲時對主持就很感興趣，只是後來的學生時代和開始進入職場工作後，皆因無暇顧及這項興趣而中斷。工作的經歷使她有了一定的積蓄，不用再為溫飽發愁，她便決定義務為單位或者社區所舉辦的各類活動擔任主持人。在主持的過程中她發覺這比原來的工作還快樂一百倍，於是決定從此以主持為生，開始經營她夢想的事業。

一個月後，她在偶然與同行聊天中，突然產生一個新構想，認為為結婚者提供所有服務的行業大有可為。決定之後，他們馬上著手婚禮司儀、婚禮進行時的鮮花與食物的訂購、喜帖的印製、禮服的租借等等項目的服務。經過不斷的改進求新，她的服務尤其是她的主持大受歡迎。「我不但實現童年的夢想，還滿足了創造欲與表現欲，我相信再沒有比這更幸運的事了！」她逢人便這樣說。王亞楠的案例非常有意思，她在自己人生的三十歲時才找到了自己的夢想所在，一方面我們為她感到慶幸，另一方面也感到有些可悲。三十歲啊，本該是成熟收穫的年齡，她卻剛剛開始。這就說明，她最開始的時候就走錯了一步，虛度將近二十年的光陰。

從這個案例中，我們可以得到這樣一個教訓：只有一開始就不要做錯事情，才不會虛廢光陰。可是，現實的職場中卻有很多人不能選對自己感興趣的行業，還有很多人懷著一種盲目「跟風」的心理去擇業，結果他們只會盲目的跟著別人兜圈子，沒有一個自己的目標和方向，因而經常與唾手可得的機運擦身而過，結果最終走進了職業的瓶頸。其實道理很簡單，如果你不知道選擇自己感興趣的職業，那麼很難會走向成功的，多數情況下都是半途而廢，陷入危機。

選擇自己感興趣的職業，實際上也就是選擇你在職場中前進的道路。條條大路通羅馬，個個行業可成功。但人生有限，條件有別，我們只有選擇自己感興趣又有信心做好的工作，才有可能達到成功的目標，而不至於陷入職業瓶頸。如果哪個行業熱門就往哪個行業擠，哪個領域流行就往哪個領域跑，那是註定要失敗的。

趙薇因演《還珠格格》中的「小燕子」而一夜成名，於是許多女孩都去影視學校學習，也夢想一夜成名，但絕大多數都是無功而返；王菲出場唱一首歌就值十萬，如此賺錢固然讓人嫉妒，但我們天天長號短叫能學得來嗎？答案是否定的。所以在職場上，還是選擇一個自己比較感興趣的行業才更有利於日後的發展。職業方向直接決定著一個人的職業發展，因而須倍加慎重，正所謂「擇己所愛、擇己所長」，盲目選錯了行業，可能會毀掉自己本該有所作為的人生。

職場之上凡比較有成就的人，他們必然喜愛自己所做的事。俗話說：「有了愛好才能做得精巧。」剛剛走進職場的年輕人，因為選擇了感興趣的工作，所以能對自己的工作竭盡全力，對工作充滿熱情，自然就能做出較多的業績來。這樣便使他們能夠得到老闆的信賴，進而脫離職業瓶頸，走上成功的跑道。相反，如果選擇了一個自己不感興趣的工作，整天感覺到「這工作真無聊，不適合我」，不情願的去工作，那麼他將永遠都無法成長，終會陷入職業的瓶頸之中。

費爾的父親開了一家洗衣店，並且讓費爾在店裡工作，希望他將來能接管業務。但費爾厭惡洗衣店的工作，懶懶散散、無精打采，勉強做一些父親強迫做的工作，完全不關心店裡的事務。這使他父親非常苦惱和傷心，覺得自己養育了一個不求上進的兒子，並在員工面前深感丟臉。

有一天，費爾告訴父親自己想到一家機械廠工作，做一名機械工人。拋棄現存的事業不做，一切從頭開始，父親對此十分驚訝並橫加阻攔。但是，費爾堅持自己的想法，穿上油膩的粗布工作服，開始了更勞累、時間更長的工作。他不僅不覺得辛苦，反而覺得十分快活，還邊工作邊吹口哨。他選修工程學課程、研究引擎，裝置機械。在他一九四四年逝世時，他已經是波音飛機公司的總裁，曾製造出「空中飛行堡壘」轟炸機，為盟軍贏得第二次世界大戰的勝利立下汗馬功勞。

如果費爾當年留在洗衣店裡，他和洗衣店的結果將是怎樣的呢？我能想像到的是，洗衣店破產，而費爾也會變得一貧如洗。

費爾選擇了自己感興趣的工作並改行真是非常正確的決定。為了成功，最直截了當的方法就是從事自己喜歡的職業。實際上，凡是因工作而生出煩惱的人，有很多情況是心不甘情不願的在做著工作，因此無法產生幹勁，也不會對工作心存感激，更不可能盡職盡責。那麼怎樣才能確定哪些職業是自己感興趣的工作呢？

首先要知道自己特有的天賦。試著回想孩提時代你最擅長的事情或做起來感到很愉快的事情，或許這就是你的天職；再者就是致力於自己覺得興奮刺激的事情。

張華對美食特別感興趣，他從小就喜歡吃美食，後來長大後，他做了廚師，在巴黎一家五星級大飯店工作。雖然他長得並不英俊，為人卻相當憨厚，誰都可以和他聊幾句天。由於他對自己的工作特別喜愛，所以他平時常讀一些美食方面的書，並且有時還自己買來原料在家嘗試烹製。天長日久，他居然自己發明了一道非常特別的甜點：把兩顆蘋果的果肉都放進一顆蘋果中，那顆蘋果就顯得特別豐滿，可是從外表上看，一點也看不出是兩顆蘋果拼起來的，就像是天生長成那樣子似的，果核也被他巧妙的去掉了，吃起來味道特別美妙。

有一次，一位長期包住飯店的貴婦人偶然發現了這種甜點，她品嘗後，非常欣賞，並特意約見了做這道甜點的張華。後來，這位貴婦經常帶她的朋友來這家飯店，目的只是為了品嘗這種甜點。由此，張華為飯店招來了不少新的顧客。

在一次飯店的職員調整中，張華還因為會做這道招牌菜而留了下來，沒有被老闆裁掉，並且加了薪。而其他普通的廚師卻在這次裁員過程中陷入到失業的瓶頸中去了。

因此，如果一個人把眼光投向自己所喜歡或覺得快樂的職業，不但大部分事情能進行順利，而且能在每一次工作的過程中增加自信，從而確信自己辦得到，同時也自然而然養成「為了變得更好，要怎麼做才好」的鑽研精神和向上心態。所以為了避免職業的瓶頸，年輕的你要學會選擇一份自己感興趣的職業。

樹立一個職業的目標

對許多人來說，實現一個目標就好像參加一場比賽，經過了全力以赴的拚搏才能跑到終點。你的目標有多高遠，你的未來就將有多寬廣。

有這樣一個人，他在少年時代就曾確立過一百二十七個目標。他在一張叫「一生的志願」的表上規劃道：「到尼羅河探險，登喜馬拉雅山；駕馭大象、駱駝；探險馬可．波羅和亞歷山大一世走過的路；主演一部《人猿泰山》那樣的電影；駕駛飛機；讀完莎士比亞、柏拉圖及亞里斯多德的著作；譜一部樂曲；寫一本書；遊覽全世界每一個國家……」

此人叫戈達德，填這張志願表時，他才十五歲。他把上述每一項志願都編上號，總計一百二十七個目標。許多人一定會認為這純粹是少年的遊戲，當不得真。然而，令人驚嘆不已的是，戈達德長大後，一直都是圍繞著這一百二十七個目標奮鬥，到他五十九歲時，竟然已經實現了一百零六個目標！為此，他克服了許多艱難險阻，曾經有十九次是死裡逃生。他為此總結說：「這些經歷教我學會了百倍的珍惜生命，凡是我能做到的我都想嘗試。」

當然，這並不意味著我們提倡每個人都像他那樣制訂幾十個，甚至上百個目標，但我們卻可以從他的經歷中，悟出這樣一個道理，那就是成功之路是由目標鋪就的。有無明確的目標，人的精神狀態大不一樣。明確的奮鬥目標催人奮進，促使你千方百計去達到預定的目標；反之，目標不明確，你就會感到無所追求、無所事事，結果自然是一事無成，碌碌無為的度過一生。

曾經有一個科學實驗，用玻璃板把一條具攻擊性的魚和另一條魚隔開。剛開始，這條攻擊性的魚不斷碰撞玻璃板，企圖捕食另一條魚，過了一段時間，牠終於放棄了。當科學家把玻璃板移開，這兩條魚都在各自的領域中活動，互不侵犯。

我們人類也一樣，一旦我們的目標受限，以後就很難以有所發展。陳安之曾經說過：「當你想要得到一切最美好的事物，你必須把自己變成最好的人，以成為行業中世界最頂尖為你人生的最終目標，這樣的話，你一定可以實現你所有的夢想。」

只要我們樹立一個遠大的目標，然後全力以赴的向著目標奮鬥，日復一日不斷提高，必然有一天你會取得一定的成功，職場瓶頸當然也就被遠遠的拋在身後了。

有位著名的推銷大王，年輕時一無所有。為買一輛高級賽車，他將自己的照片貼在一張高級賽車海報的旁邊，每天看幾次，鼓勵自己每天多打幾個推銷電話，後來他不僅買到了高級賽車，而且成了著名的推銷員。從這裡可以看出，如果你有一個遠大的追求目標，並朝目標堅持不懈的努力，最終將會實現自己的願望。還有德國法蘭克福的漢斯．季默，從小便迷戀音樂，他的心中自然就有這樣一個遠大目標——當音樂大師。他買不起昂貴的鋼琴，就自己用紙板製作類比黑白鍵盤，在他練貝多芬的《命運交響曲》時竟把十指磨出了老繭。後來，他用作曲賺來的稿費買了架鋼琴，有了鋼琴的他如虎添翼，並最後成為好萊塢電影音樂的主創人員。

他在作曲時「走火入魔」，時常忘了與戀人的約會，惹得許多女孩罵他是「音樂白痴」、「神經病」。婚後，他幫妻子蒸的飯經常變成「鍋巴」。有一次，他煮紅燒牛肉麵，邊煮邊用粉筆在地板上寫曲子，結果是麵條煮成了粥。妻子對他很客氣，不急不怒，只是罰他把糊粥全部喝掉，剩一口就「離婚」。他不論走路或搭地鐵，總忘不了在本子上記下即興的樂譜，當作創作新曲的素材。有時他從夢中醒來，打著手電筒寫曲子。

在第六十七屆奧斯卡頒獎大會上，漢斯．季默以聞名於世的動畫片《獅子王》榮獲最佳音樂獎，那天是他三十七歲的生日。

一個人心中有了遠大的目標，就像在大海中航行的人有了指南針，指引著你乘風破浪，奮勇向前，風擋不了，浪阻不住。因此，我們在職場上也要為將來設定一個遠大目標，對自己的職業生涯進行一番規劃和設計，要把這個目標和設計當作是一個理想，同時也把它當作一個約束。就像跳高，只有設定一個高度目標，才能跳出好成績來。但是非常遺憾的是，在職場中有很多年輕人沒有自己的目標，他們只是日復一日，年復一年的得過且過，除了一天度過一天外，別的什麼變化也看不到。因為沒有前進的動力，這樣的人整天萎靡低調，所以工作成績自然好不到哪兒去，面對別人的加薪晉級他們只會感到羨慕和嫉妒，等到公司調整裁員的時候，他們這才感到迷惘和焦躁，最終難免淪落到失業的人潮中去。

在職場的海洋中，有些人總是漫無目的的漂泊，面對風浪海潮的起伏變化，他們束手無策，只有聽其擺布，任其漂流。結果要麼觸岩，要麼撞礁，最終淪落到危機的地步。所以，為了擺脫職業瓶頸，我們要為自己的職業生涯樹立一個遠大的目標，目標有多遠，我們就能走多遠。

第一章 做好你的職業規劃

樹立一個職業的目標

第二章 克服自己的性格弱點

對於比較敏感的「年輕世代」而言，他們思想不複雜、做事憑感覺。他們有朝氣蓬勃，青春陽光，熱情向上，好學自信……他們恃才傲物、好高騖遠，朝三暮四、缺乏定力……而在整個浮躁不安的職場環境下，工作表現穩定性相對較弱；因此克服自己的性格弱點是突破職業瓶頸最好的途徑。

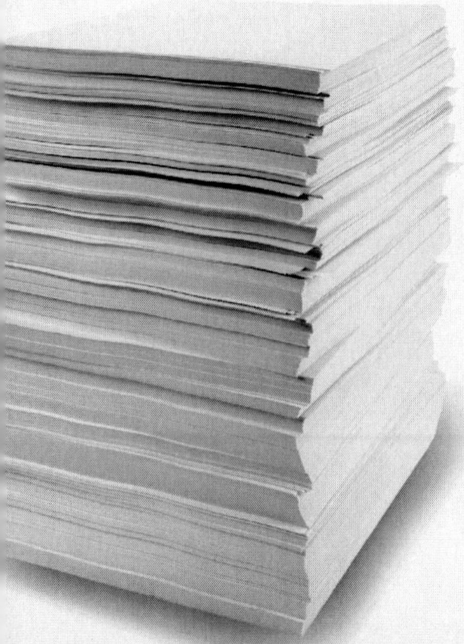

把握「率真」的分寸

在商業場合裡，我們每個人都在參與競爭，歡歌笑語的背後隱藏著太多的商業目的，把握好自己「率真」的分寸，才是一個職場年輕工作者的成熟表現。

據《紐約時報》透露，著名籃球巨星喬丹離開球隊，進入體育俱樂部的管理層後就犯了大忌，一是動不動就說「我在公牛時怎麼怎麼」之類的話，這種做法引起了隊員的反感；二是他居然對老闆指手畫腳，壓根兒就沒弄明白誰才是球隊真正的主人。此外，在執行紀律方面，喬丹時不時的耍大牌，搞特權，使華盛頓巫師隊一些高層人士堅信，喬丹不是一個稱職的管理者。

喬丹的這些「劣跡」使一些原本想積極引進他的球隊也變得瞻前顧後了。同時，美國媒體指出，許多「大牌」球員的通病在喬丹身上也同樣存在，如口無遮攔、頤指氣使等等。畢竟生意場不同於籃球場，喬丹率真的性格也許能在賽場上取得成功，而在爾虞我詐的商場就可能寸步難行。

通常情況下，我們把「率真」這類性格特徵圈定在胸無城府、口無遮攔或者性格不成熟的職場新人身上，因為他們還沒有擺脫少年時的童稚氣息。從人性的特徵上來說，這是非常好的品質，但是，隨著年齡的逐漸增長，我們都要為了生存參與到社會的激烈競爭中，在公司裡同事之間互相都是在維護表面和諧的關係，而在背後卻展開競爭，這是生存的原則，誰也無法避免。下面有兩個事例，可以告訴我們職場上的一些遊戲規則。

二十七歲的小明在一家私人企業擔任部門經理，副經理是老闆的小舅子。為了站穩腳跟，小明使出渾身解數與之打好關係，兩人很快成了無話不談的「兄弟」，但「國舅」能力實在有限，經常被老闆當眾罵得狗血淋頭。受辱的「國舅」便常常在小明面前說老闆的壞話，甚至說出了要把客戶拉走另立門戶的話。

久而久之，小明對「國舅」的話就有些當真，便認為憑「國舅」的資金，加上自己的能力和客戶，另立門戶完全可以和老闆抗衡。在「國舅」又一次挨老闆訓之後，兩人果真議論起另立門戶之事。沒想到第二天老闆便通知小明走人，而「國舅」仍然在當他的「副經理」。小明這才恍然大悟，人家扮演的是間諜的角色。

辦公室無戀情，工作時間不允許談戀愛，這是職場一條不成文的約定。然而，偏偏有些人是天生的情種，走到哪兒戀到哪兒，成為溫柔殺手。小民應徵到一家薪資豐厚的外商工作，工作勤懇踏實、任勞任怨，很快便得到了上司的賞識。正當小民工作得心應手之時，小妍成了他的同事。她看到小民雖然誠懇老實，但身強體壯、氣質高雅，便有了結交的欲望，沒有戀愛經歷的小民很快墜入情網。嚴禁同事戀愛的公司哪容他倆破壞規矩？結果兩人雙雙被辭退。

許多年輕世代的朋友們，習慣了率性的生活，走入職場後往往把握不好「率真」的分寸。因此，容易在職場上吃暗虧，所以請大家自己多留一點心拿捏好分寸。

1. 克制自己的情緒表現

當你在工作中獲得了客戶的高度認可，而當場給你下訂單時，你高興得手舞足蹈，喜形於色，可你沒有注意到，身邊的老闆和上司已經暗暗皺起了眉頭。你在辦公室的信譽大約有五〇％來自你在別人面前的表現，包括你如何克制自己的喜怒哀樂。我們都知道應該克制「怒和哀」，卻往往忽視了克制「喜和樂」。當上司當眾表揚你或給你發獎金的時候，熱淚盈眶或竊笑都不能讓他人對你充滿信心，即使你的任務完成得不錯。如果你想升職，就必須長大。

2．千萬不要在工作中哭泣

當你在老闆面前表現出對工作手足無措、悲憤交加的情緒時，就表明你沒有足夠能力應付工作的壓力。為防止上司對你的評語變成「在壓力面前崩潰」，你應學習如何掩飾你的真實感受。一種方式是，從你的本色個性中發掘職業的個性。

三十歲的投資銀行研究員王文發現了這一規律：「我剛到職不久，有次老闆批評了我，我衝到洗手間痛哭，我認為他對我不公正。經過多年的經驗，如果再遇到這種事，我不會反應過度了，也不會再語無倫次的為自己辯解——我學會了從批評中吸取教訓。」

3．注意自己的著裝

你穿的服裝應該是為工作而穿，而不是為你的喜好而穿。上班套裝應該是典雅莊重的。

二十九歲的外商經理于娜在幾年前得到教訓後變得聰明了。她說：「剛進入職場工作時我與一些同齡人一起工作，我們都身著火辣鮮豔的服裝爭妍鬥奇。一天，一個高級合夥人希望帶助手去和客戶共進午餐。我穿著超短的緊身上衣和喇叭裙，讓我看起來像餐廳的女服務生；而朱莉則穿著得體的套裙裝，像新上任的辦公室主任。上司帶朱莉去參加商務午餐了，而我之後才恍然大悟。」

4. 不要被小小的貪念毀掉了自己的形象

女孩子都會喜歡一些小小的物件，並希望把它們據為己有。所以，你偷偷留下客戶請你轉交給同事的小禮物，或在公司分發紀念冊時衝上去挑一本封面最漂亮的，這些缺點在你的職業生涯中都是致命的。不要給你的同事留下錯誤的印象：你是一個愛貪小便宜、缺乏大氣的員工，這樣上司怎麼可能把一個重要的職位交給你呢？他會認為你無法樹立威信，讓你的下屬信服。

5. 不要議論公司裡的閒話，即使和關係最好的同事

和你關係最好的同事跟你議論上司的私生活，為了不讓她覺得你是「假正經」，你也隨聲附和了幾句。殊不知這左幾句、右幾句的閒話會在你的職業道路上埋下地雷。一個在職場打拚的聰明人是不會在辦公室或在同事間發表任何蜚短流長的看法的。你只需要微笑一下，表現得既禮貌又堅定，這才是成熟的表現。

6. 在關鍵時刻要防止情色陷阱

三十歲的阿強，剛從美國獲得博士學位，回國得到了一家知名廣告公司企劃總監之職，正著手爭奪一筆巨額廣告業務。客戶宣布在數家廣告公司中進行招標，阿強立即組織人馬進行攻關，很快便有了滿意的競標方案。正在此時，有人為尚未成家的阿強介紹了一名絕色女子，他很快便墜入了情網。然而，接踵而來的便是投標的慘敗，因為競爭對手的廣告創意與自己的如出一轍，且高出一籌!繼而，絕色女子也絕情而去，阿強此時方知遇到了商業間諜。

杜絕「不屑」的毛病

古語云，殺雞焉用牛刀?然而，當你步入職場之後，你會發現，這裡大多數情況下還真的在用牛刀殺雞。文學博士可能在做校對，電腦碩士可能在登錄資料，大學生可能只是跑腿學舌……

大部分初入職場的年輕人都會遇到這個問題，你開始做的都是很瑣碎的工作，根本沒有半點技術可言。更恐怖的是，這種工作似乎無窮無盡，日復一日，年復一年……於是很多人漸漸的不平衡了，開始抱怨，這些小事我才不屑於做呢，這簡直是大炮打蚊子——大材小用!

你是否正在被這個問題困擾呢?我相信這是一個普遍問題，無論哪個國家都一樣。不過老外面對這個問題，心態似乎比我們更專業一點。一般他們的答案是：「This is my job」(這就是我的工作)。簡單嗎?是的，但這就是答案。

有時候，生活就是這個樣子，簡單粗暴，那你也必須簡單起來。你不需要獨當一面，只要按按開關，自動爆破就OK了。感覺不盡興是嗎?但這就是你的工作。

還有一句話說得更專業一點——「You are paid to do it」(花錢雇你來就是做這個的)。這句話頗具「契約精神」。老外的想法很簡單——我出錢，你出力，你做的工作要對得起我們付的薪水，至於做什麼，你別管，這就是你的工作。這兩句話肯定不完美，但至少是你調節心態的底線。「這就是我的工作」——你必須接受現實；「花錢雇你就是做這個的」——你必須履行合約。於情於理，你都必須做好你的工作。

沒錯，這就是你的工作，無論它看起來多麼瑣碎、多麼微不足道，你都必須接受它，並且做好它；你的夢必須從這裡開始，這是一個過程，誰也逃不掉。區別在於，有些人做了很多年，還是那麼微不足道；而有些人漸漸的發現了其中的奧妙！

二〇〇九年，一位交通警察突然走紅網路，他的事蹟屢屢見諸報端，他執法的影片被傳到網路上，更有網友拿他與黃曉明飾演的交通警察相媲美，甚至他的故事還上了電視台的新聞頻道……他叫孟昆玉，一九八一年出生，二〇〇一年進入職場工作，農家子弟。

是什麼讓小孟成為「最帥交通警察」呢？不得不承認，小孟的確很帥，戴上墨鏡的感覺與黃曉明絕對有一拚。不過，他身上令眾人交相稱讚的「帥」絕不僅僅來自外表。你可能說小孟他樂於助人，有網友測算出他在兩分鐘內為人指路十一次；或者說他勇於創新，他發明了「孟昆玉疏導法」，讓路口的通行能力提高了三個百分點；或者說他甘於奉獻，他曾自製地鐵站周邊計程車停車點示意卡，免費發放給司機……這些肯定都是原因，但最令人震撼的並不是這些。

看過影片的朋友會發現，小孟在交通疏導崗上的指揮剛勁有力，動作標準到位，每一個動作在空中都有足夠的定格時間，絕不拖泥帶水。有人計算了一下，小孟平均一班崗要揮手九百餘次，如果我們以一週五班崗來粗略計算，八年的時間，小孟共揮手一百八十七點二萬次！

想想看，你能做到嗎？每一個小動作都如此，不管有沒有監督，無論颳風下雨，他都能把最基本的指揮動作做到位。而且始終如一，八年不變。真正的「帥」是帥在這裡。

你會認真的把小事做好嗎？即便它再簡單、再枯燥，只要它是你的工作，你就把它做到極致？短期內很多人都能做到，但時間長了就不一定了，你可能會逐漸懷疑事情本身的意義，於是你就鬆懈下來了。

很多朋友會問，只要努力就一定有好結果嗎？那就看你能堅持多久。「集腋成裘」的道理大家都懂，一根狐狸腋下的毛是不值錢的，但你累積多了，做成裘皮大衣，那就價值不菲了。很多朋友已經堅持了很久，累積的狐狸毛也足夠做半件大衣了，但是不耐煩了，不做了；更有甚者，「毛」已經累積全了，就差縫製了，也不做了，於是一陣風吹來，一根毛也沒剩下，落了個白茫茫大地真乾淨。

小孟於二〇〇一年進入職場工作，前三年辛辛苦苦的指揮，沒啥成就。可是二〇〇四年後，逐漸有了起色，開始受到表彰，以後獲獎逐漸增多，如今，小孟更是成了網路紅人。

前幾年，小孟就是在累積狐狸毛，如今都快開裁縫鋪了。我們不知道還有什麼在前面等著小孟，但可以肯定的是，只要他堅持下去，前面的路一定會越走越寬。小孟一開始也會抱怨，剛畢業的時候也曾不適應，但是他挺過來了。他逐漸克服了高強度的工作，後來在工作中，他發現自己越是微笑執法，越是幫助市民，工作就越開心。用他自己的話說，那就是逐漸的「愛」上了這份工作。

想想看，你越是懷疑自己，懷疑自己的工作，你就越是度日如年，你的堅持也就成了「煎熬」，工作還有什麼樂趣可言呢？

如果你踏踏實實的走下去，工作並「快樂」著，日子很快就過去了，有時甚至你還沒有發覺，驀然回首才發現——哇！自己居然也這麼帥！

改變「自我主義」傾向

在談起性格的時候，我們也會不自然的就想起了年輕世代的一個整體性格特徵：「自我主義」傾向。因為計劃生育政策，導致了在保持高速經濟增長的同時，大量的獨生子女們被家庭中的絕大多數成員百般呵護，因此，養成了一代人的一種整體性格特徵，那就是「自我主義」。

這種性格有利於獨立去進行一些富有創意或藝術性的工作，卻不利於在講求協作和團隊精神的現代化公司裡生存和發展自己的工作。因此，進入職場後，我們要想征服自己的第一份工作，首先要學會改變自己的「自我主義」傾向。

擁有「自我主義」傾向的人，事事喜歡以自己為中心去考慮問題，不喜歡從公司或同事的角度上去考慮問題，並尋求解決問題的策略，這樣就容易把自己陷入腹背受窘的工作狀態之中。

王卓畢業後進入一家廣告公司開始自己的廣告文案工作。廣告文案需要的不僅僅是文筆優秀，還有更多的商業創意和策略融於其中，但是，「自我主義」傾向比較濃厚的他，認為自己的文筆優秀，同時對廣告文案的常識也都知曉，所以在工作中常常按照自己的創意和想法去寫作廣告文案。旁邊有同事提醒他要善於與客戶和一些負責整體廣告運作的同事協商，並請教一下富有經驗的文案總監，但是他認為這個同事有些輕視自己的意向，便漠視對方的建議。結果在一個月之中，他連寫了十幾篇方案全部都被客戶否定了，公司裡的一些同事也認為他傲慢自負，不善於溝通協作，集體排擠他。因此，一個月後，他離開了這家公司，是被解職的。

這就是一個典型事例，值得我們思索和反省。

當然，要想糾正自己的「自我主義」傾向，就要學會與自己較勁並不斷反省自己的過錯和問題。同時，也要嘗試或者盡量站在別人的角度上考慮問題，學會揣摩別人的心思，並使自己工作上的想法和行為與其協調一致。為了做成、做好事情，要強迫自己改變，而不是出現問題的時候首先去埋怨別人、指責別人，把自己脫身開來。

江山易改，本性難移。要與自己較勁談何容易！而且，由於自己的本性都是長時間以來形成的，已經成了一種習慣。所謂習慣，就是你通常會有的做法，這些做法是讓你感覺很舒服的一些做法，一般來說已經融進了自己個人生活和血液中了。要想改變，就像是割一個人的肉一樣難受，何況是自己主動做出改變，這不啻是種「自殺」。於是，很多人在出現問題的時候，首先想到的是改變別人。

既然改變自己非常難受，像是「自殺」，那出現問題的時候指責別人、希望別人做出改變就是非常自然的事情。但是，這樣做的人忘記了別人也有自己的習慣，與自己改變是一種「自殺」

一樣，你強迫別人做出改變，對別人來說，其意味就相當於是遭遇「謀殺」一樣，他自然會奮力的抵抗、反擊。除非你對對方有絕對的權威，可以征服，否則最後的結果一定是，事情已經忘在一旁，雙方互相打起來，終究一事無成。

改變自己與改變他人，改變自己與改變環境，改變自己與改變其他，雖然都非常的艱難，但相對來說，改變自己更具有可行性，更具有操作性，也更具有主動性。因為，你雖然不能控制別人的行為，你自己的行為還是由你自己做主的，你是完全可以與自己較勁的。因此，正確的做法是：在面對問題的時候，從自身開始考慮，考慮是不是自身的問題，自己能不能做出改變？自己還需要做出什麼改變？

蘇格拉底說：「讓那些想要改變世界的人首先改變自己。」有一個標語：太陽光大，父母恩大，君子量大，小人氣大。同時，有句話還說：看別人不順眼，首先是自己修養不夠。

與自己較勁，就是一個提高自我修養的過程，就是一個使得自己由「小人」向君子轉變的過程。完成了這個轉變過程，人就成熟了，就會很從容，在和別人共事的過程中，在和別人的合作過程中，在和環境的共處過程中，你都會遊刃有餘。

與自己較勁的人，是希望改善自己的人，是一個自助的人。他需要面對著「傷痛處」痛下殺手，需要自己往自己的「傷口」撒鹽。但是，這些「自虐」是不會白白承受的，天助自助者，當他們自己在改善自己的時候，當他們努力的時候，在一段時間之後，上天也會幫助他們，讓他們實現自己的目標，達成自己的願望。

與自己較勁需要吃苦，但不是吃苦就算是與自己較勁。苦要吃，但要吃在正確的地方上，要吃在關鍵處；勁要較在自己不足的地方，這樣，苦才不會白吃，勁才不會白較，人才會變得完善完美。

你會發現，隨著自己的「自我主義」傾向改變，世界好像也在做出改變來回應你，你與同事或者上司在工作中的想法也會越來越協調，並最終使得你在工作中牢牢把握住自己的職業和職位。團結就是力量。任何情況下，單槍匹馬都無法順利完成目標，固執己見、自我主義往往是成功的天敵。

扭轉「拘謹」的印象

我們先提出一個問題——「你是誰」究竟誰說了算？你可能覺得這個問題很好笑，不過先別急於回答，讓我們先看一個「小帥與小乖」的故事。

有一個年輕帥哥，生性開朗，儀表堂堂，屬於人見人愛、花見花開的那種。在校期間，粉絲無數，屁股後頭美眉成排。於是帥哥以為——吾帥，故人愛之。

步入職場，帥哥本想繼續以帥示人，然轉念一想：上班，宜早去；打水，莫得意。遂夾起小尾巴，乖了。當HR帶著小帥拜碼頭，介紹給各位同事時，小帥處處謹小慎微，唯恐出錯。

秀來秀去，秀到一小女生面前，小帥心想：這美眉和我年齡相仿，不必拘束，可以帥一下。

剛要開口，沒想到女孩起身拍拍他的頭說了句：「小鬼，好好做啊！」小帥大怒，心說你才比我大幾歲啊。剛要張嘴辯白，小女生又來一句：「臉紅啥，害羞啦？我就是這個公司的老闆。」小帥錯愕之際，結結巴巴擠出幾個字：「請多多關照。」

秀畢，眾皆曰：乖！於是，公司遂以「小乖」呼之。小帥甚是鬱悶——我明明叫小帥，什麼時候成「小乖」啦！本想辯駁，卻已無力回天。漸漸的，小帥日日以乖示人，久而久之，世人只知小乖，不知小帥矣。

瞧見沒，小帥活著活著，把自己活成了另外一個人。這種現象在職場中很普遍。職場新人，難免放不開，處處謹小慎微。身邊的人看到你是這個樣子，慢慢的以為你就是這樣。於是你在公司人的心目中就定了型。你再想改變，已經很難了。時間久了，你會發現自己是在作繭自縛，你再想打破這個繭已經很困難了。慢慢的，你按照別人眼中的你生活，於是你就不是你了，你成了繭中的蟲！

沒有人甘於做那條蟲，你總是嘗試突破。漸漸的，你發現你是在用一個人的「氣場」與多數人的「氣場」對抗，雖然你可以取得些許改變，但那也是微不足道的量變。你若真想破繭而出，就必須做出石破天驚的事讓人刮目相看。事實上，這種事機率很小。有這種魄力的人，當初也不會作繭自縛。公司中傻頭傻腦，公司外生龍活虎，這種人我見了不少。公司內外，活成了兩個人。

是別人改變了你嗎？肯定有影響。歸根究柢怨誰呢？肯定怨你自己。在你到職的那一天，你對這個公司來說是一個全新的人，你有機會做一個全新的自己。關鍵是你的第一次亮相以何種面目示人。

試想，如果當初小帥沒有像一個情竇初開的少女一樣羞澀，而是以一種「已婚婦女百無禁忌」的姿態示人，猜想他在這個公司人眼中就是一個大大咧咧的粗獷漢子；如果小帥談吐儒雅、舉止大方，猜想以後他就是一個標準上班族。

所以說人的第一印象很重要，並且往往很難改變。在你進入一個新公司的時候，你對這個公司的所有人來說都是陌生的，你有機會做一個全新的自己。如果你對過去自己給別人留下的印象不滿意，那麼這次對你來說是一個全新的機會，希望你能把握住。最關鍵的是你第一次如何亮相，千萬不要拘謹，放輕鬆一點，展示出你的最佳狀態。

克制「任性」的缺點

年輕的一代，不論是男孩還是女孩都比較任性，這是因為多數家庭都只有一個孩子，有的孩子還不在父母身旁，跟爺爺奶奶或外公外婆一起生活。由於這些孩子在家庭中的特殊地位，使他們過多的得到家庭成員的嬌慣、溺愛和遷就，天長日久，就任性起來。漸漸的，這就形成了一代人的整體性格特徵。

由於任性，他們在工作中就難於與同事相處，更談不上協調或者融洽的配合好了；由於任性，也很難與家庭成員和睦相處，發展下去就容易形成想法固執，甚至唯我獨尊的性格。因此，進入職場後，我們就要收斂一下自己「任性」的行為，同時也要嘗試著克服，或者善用自己「任性」的弱點。

辦公室的環境既然是由人組成的，每個個體的行為難免都會影響到其他人的想法、整體的氣氛、工作的進程，想在職場發光發熱，除了具備才華，更重要的還有性格、情商、社交等許多看不見的能力。才華及專業能力，只有在你初為職場新鮮人的時候，能為你的競爭力加分，而當你正式成為工作競技場上的戰士時，真正能讓自己存活下去的唯有自我控制能力、應變能力和協調能力。

任性型性格也分為自由型、自我實現型和獨立經營型。自由型是依附於一個群體，在其中承擔有限責任，用辛勤的工作實現自身價值；自我實現型是選擇自己專業所長從事學術研究或文學藝術創作；獨立經營型是自己創業做買賣，憑辛勤和汗水實現自身價值。

自由型屬於輕微任性，並善於利用自己的任性式撒嬌討同事及主管的喜歡。如果任性傾向較嚴重，不宜選擇自由型。任性傾向較嚴重的人，應該選擇人際關係比較單純的工作，除學術研究外，也可以當自由撰稿人、網路管理員、電腦程式設計師等。選擇獨立經營型，則應樹立信心，捨得吃苦。任性型性格的人兼有聰明、能幹的特點，自己創業做買賣，只要吃得苦，定能成功。

任性型性格的人做行政祕書工作顯然是不合適的。行政祕書是沉穩、老練而精明的人擅長的工作；而任性的人不能自制，稍不如意就放任妄為，選擇行政祕書工作是不明智的。

任性的性格如果再有神經質傾向就危險了。任性的性格傾向越嚴重越不好，最嚴重的甚至近乎神經質，常常破壞氣氛，令舉座不安。

某企業辦公室祕書娜娜是一位剛剛進入職場工作不久的知名大學畢業生，她的性格就非常任性，常常為一星半點小事與辦公室的同事發生矛盾，弄得辦公室氣氛非常緊張。一天，她走進辦公室，認定別人正背地裡議論她，因為她一進來大家就不說話了。一氣之下，娜娜竟把一個同事剛剛整理好的報表撕得粉碎。事情鬧到經理那裡，經理無奈，把娜娜解雇了。

娜娜的任性傾向屬於比較嚴重的一類，她已達到稍不如意就恣意妄為的程度。這樣就難免危及自己的職場生存，連最基本的生活機會和境遇都難以保證。

雖然說任性是不太好的性格，因為時常會由於任性而把事情弄糟，但也不能一概而論。一般情況下，輕微任性，或者說有一點任性不僅不討人嫌，相反還透著幾分可愛。被父母嬌慣的孩子都有一點任性，可是父母卻很喜歡，因為那任性的表現形式可能是變相撒嬌。從這一點可以看出，如果像孩子在父母面前變相撒嬌那樣把任性運用得恰到好處，任性就可變成一種武器，為你贏得機會。

馬帆雖說是一個男孩子，但他的身上有一些女性化的任性氣質。畢業後，他進入一家研究機構工作，因為沒有什麼工作經驗，一點也摸不著頭緒，但是，他能夠善用自己的任性來為自己開闢局面。例如，每次碰到解決不了的問題，他就跑到公司裡那些年齡比較大的男女同事面前，說點喪氣話，偶爾也像一個孩子一樣撒撒嬌，大家都看到他為難的樣子，就指點和幫助他尋找工作中的問題和門道，這樣，一個個問題都得到了化解，他順利的熬過了初入職場的難關。透過上面這個例子，有些性格上任性的朋友不要為無法克服自己性格的弱點導致工作中總搞不好關係而苦惱，其實，你可以學會掌握分寸，把任性向好的方面引導，使其變成公關武器。

任性型性格的人因孩子氣似的撒嬌而討異性的喜歡，異性會在安慰、勸解、哄逗之中得到滿足。所以，在剛進入工作場合後，我們應注意選擇比自己成熟的、年齡比自己大的、有大哥哥或大姐姐氣度的異性為伴。這樣，有助於化解自己初入職場的風險，另外也可以從他們身上獲取一些寶貴的工作經驗來成就自己。

消除「嫉妒」情緒

嫉妒心理是一種消極的不健康的情緒或情感。縱觀古今，橫看中外，無論是人們生活的現實，還是文學藝術作品的描繪，由於嫉妒而造成慘重惡果的比比皆是，不能不令人觸目驚心。

由於強烈的嫉妒為占有欲和支配欲所驅使，從某種意義上說，嫉妒是萬惡之源。嫉妒給人的負擔太沉重了，給人的陰影太黑暗了，並可使人產生一種禍害他人的罪惡心理。嫉妒心理是在自己不如別人優越，感到失落時產生的一種消極的情感。產生嫉妒心理的原因至少有兩個方面：一是不能接受別人比自己強的現實；二是權力欲、支配欲、占有欲強。

在社會這個大家庭裡，沒有太多上天的恩賜，每一份收穫的果實都要憑自己的智慧和汗水去換取，所以，當我們得不到時，也千萬不要懷有嫉妒情緒。年輕一代的獨占欲很強，並漸漸的養

消除「嫉妒」情緒

成了一種性格：在工作中或者同事間的日常交往中都把自己的嫉妒情緒刻畫在了自己的臉上，久而久之，自己的行為和思想變得極端，認為社會對自己不公平，或者是更加憤世嫉俗，與人不和，似乎所有的人都對不起自己一樣。這種情況是十分可笑的。

小王是家裡的獨生子，畢業後與小齊一同進入現在這家公司工作。因為小齊已經畢業兩年多了，在工作經驗和薪資待遇上都高於小王，再加上工作能力比較出色，每個月的業務獎金也都不錯。小齊出生於偏遠的農村家庭，小王出生在城市的獨生子女家庭，所以小王原先有些瞧不起小齊，現在看人家的待遇比自己好了許多，就產生了一種嫉妒情緒，漸漸的，這種嫉妒情緒也加深了他的多疑傾向。

有一天，小王聲稱丟了錢，懷疑是同辦公室的小齊所為，於是正式報了案。警察機關為了查清事實，對同一辦公室的所有人都進行了調查，結果發現小王所指的時間內同辦公室的人不具備作案可能，於是向小王提出有無其他可能。過不久，小王發現原來錢夾在自己的一個本子裡，這才憶起是自己忘記了把錢放在本子裡。錢找到了，但卻給小齊和其他同事的心靈上造成了傷害。這一點小王也很清楚，因此，找到錢反倒加深了小王的精神壓力，多疑傾向也變得越來越嚴重。後來，導致他無法與任何同事和睦相處，而離開了這家公司。

心理學家巴夫洛夫說過：「性格是天生與後生的合成，性格受於祖代的遺傳，在現實生活中又不斷改變、完善。」既然性格更依賴於後天的教養，所以對性格的探究一定要深入生活，要以性格特徵的表露背景為對照，才能較準確的把握自己的性格。而且要注意以動態的眼光審視更具有流動性和開放性的性格特徵。

所以，進入職場後，我們一定要學會適應工作環境，控制好自己的情緒，並妥善處理好自己的人際關係。千萬不要因為自己暫時的收入和職務待遇不如別人而產生一種嫉妒情緒，相反，我們應該虛心向別人學習，並不斷的補充自己的社會實踐知識，提高自己的工作能力，那麼，職務和工作待遇也就會很快的好起來。

鉛筆與橡皮的老闆叫小強，他們共同的任務就是完成老師留給小強的作業。很長一段時間，鉛筆與橡皮兢兢業業，通力合作，小強甚是欣慰。

小強天性聰穎，作業工整，屢被老師表揚。近日打算犒勞一下鉛筆與橡皮，為其更換辦公室——鉛筆盒。鉛筆與橡皮聞之，彼此嫉妒又彼此不服，都想爭取個單人房，於是紛紛向小強邀功。鉛筆說：「我功勞大，沒有我你怎麼寫作業？」橡皮說：「我功勞大，沒有我你錯了也改不了，老師就不能給你評『優』。」

鉛筆與橡皮爭得臉紅脖子粗，誰也不服誰。於是哥倆兒約好，夜裡趁小強熟睡之際單挑。是夜，小強寫完作業入睡。二更天過後，鉛筆、橡皮悄悄起床，準備一分高下。

鉛筆在小強的作業本上奮筆疾書，橡皮也不示弱，有字必擦。雙方你來我往，刀光劍影，不分高下。眼見天已放亮，兩位不敢戀戰，相約明晚再戰。

次日，小強大怒，將鉛筆、橡皮丟進垃圾桶。鉛筆、橡皮不解，大呼請老闆明示！小強不語，拿出一面鏡子，鉛筆、橡皮這才恍然大悟——昔日的鉛筆與橡皮，如今成了鉛筆頭與橡皮球。

鉛筆與橡皮各司其職、相互配合的時候，雙方的利益都是最大化的。這個時候分工明確，老闆誰都離不開，前途一片光明；當其勾心鬥角、互不相讓的時候，雙方都在內耗中被削弱，最終都被拋棄。「Team Work」這個詞如今已被大多數人接受，一般情況下大家是願意配合的。但總有特殊情況，比如說，總有個別人容忍不了別人比自己優秀。當身邊的同事超過自己的時候，就會心裡彆扭，嫉妒的心理就像一個小爪子，抓得你心裡難受，甚至暗中算計別人。

你可能笑這個故事太幼稚了，實際情況不會如此。當然，你可能沒有被發現，你也沒有被老闆扔進垃圾桶。但是，你的所作所為，團隊中的每一個人都會感覺到。你越是嫉妒別人，你的心理就越扭曲，你就越難以融入團隊，久而久之，你和這個團隊就疏遠了。當有一天你需要別人喝彩時，可能觀眾也不會很多。自絕於人民者，終將被人民拋棄。

願意配合別人，真誠的讚美別人，真心的希望周圍的人成功，這是一種職業心態。你的客戶成功了，你的合作夥伴成功了，你的上司成功了，你的下屬成功了，你自然也就成功了。水漲船高，道理很簡單。心底無私天地寬，拋下嫉妒，否則你會越來越孤獨。

掌握「叛逆」的分寸

典型的叛逆性格也是年輕世代的整體性格特徵，在日常工作中的具體表現就是蔑視傳統和權威，喜歡打破舊有秩序等等。當然，這種性格如果是在文化藝術領域裡，將會有著廣闊的發展天地。因為在文化藝術領域裡，具有叛逆性格的人往往能在創新方面做出偉大的貢獻。

例如：自古以來書法儒雅中和，這被稱為書法風格的正宗，然而具有叛逆性格的書法家總是要突破中和的束縛，更加鮮明的表現自己的獨到之處。元代楊維禎以文辭著稱，極具有叛逆性格，時人稱之為「楊瘋子」，他的書法號稱「鐵崖體」，矯桀橫發、狂怪不經，從元代崇尚傳統的書法中脫穎而出，占得一席之地。清代「揚州八怪」之一的金農，更是怪中之怪，他擺脫筆尚中鋒的千古不易之說，反其道而行之，筆筆側鋒，一側一底。這種反叛性格使他開拓出一種全新的藝術境界。

同樣，在畫壇、詩壇，甚至在科學領域，具有反叛性格的人以其懷疑和開拓的心態，取得了不斷開創的新成果。很明顯，性格產生了良好的促進作用。但是，在職場上，有一種東西很要命。它不是劇毒的七步斷腸散讓你立刻斃命，而是一種慢性毒藥，在不知不覺中吞噬了你的前途。它就是——叛逆。這種情緒多發生在新員工度過適應期，感覺自己翅膀稍稍硬起來之後。

為什麼他的任務比我的輕？為什麼別人都走了非要我加班？你又不是我的上司你憑什麼命令我？即便是上司，你憑什麼對我大嚷大叫？類似問題只要在你腦海中一閃念，那麼你就已經處於「叛逆」之中了。想想看，你是否有過類似的想法？「叛逆」類似魯迅筆下的「腹誹」，有意見不肯說，卻在肚子中罵。由於沒有直接發作，可能一時半刻裡沒人察覺，但時間久了，你就危險了。

如果你有過類似的想法，那麼我要對你說——Please calm down！請平靜下來！如果你不能平靜，那會怎樣呢？你遲早會把這種情緒傳遞給對方，日子久了對方肯定也會感覺到。你可能

掌握「叛逆」的分寸

要問，我又沒有說出來，他怎麼知道呢？雖然你沒有說，但是你的表情、語氣甚至姿態遲早會出賣你。中國有句古話叫「相由心生」，你的情緒肯定會寫在你的臉上。人與人之間的「氣場」很微妙，如果你這頭不熱絡，對方一定能感覺到。

如果對方是你的同事，他可能會想：「這小子怎麼這麼不配合啊，不好相處，以後有事不找他了！」如果對方是你的客戶，他可能會想：「怎麼我給你錢，你還擺這麼大架子，會不會做生意啊？」如果對方是你的上司，他可能會想：「這小子怎麼總是拗拗的？他是不是對我有意見啊？」……

只要有一方有這種想法，恐怕你在職場上的日子就不會好過。如果有一天，機緣巧合，三方意見合而為一，那你小子的命運就定了——收拾收拾，捲鋪蓋走人吧！

我們都年輕過，都叛逆過，甚至有一段時間我們很喜歡「桀驁不馴」這四個字，並且認為這樣很酷；我們曾經認為稜角分明是個性的體現；甚至我們還總感覺「舉世皆濁我獨清，眾人皆醉我獨醒」……

如果你把這種心態帶到工作中來，那就證明你還沒有成熟。事情總是要做的，「叛逆心理」讓你在情緒上「抵觸」自己要做的事，這不是和自己過不去嗎？

可是有些人就是繞不過這個彎處，他們或者覺得事情不公平，心理不平衡；或者覺得某人讓他很不爽；或者覺得自己是對的，別人都是大白痴……於是，即便你非要我做這件事，我也要梗著脖子，讓你知道我很不滿意！

凡是願意與他人配合的人，在職場上的路會越走越寬；凡是叛逆心理極強，喜歡與人作對的人，他們的路會越走越窄。因為你不喜歡別人，別人也不喜歡你；你疏遠別人，別人也疏遠你；在你穿上「叛逆」的外衣保護自己時，你自己也正在逐漸的邊緣化……

玉華是一個很富有反叛思想的人，機緣巧合，他恰恰選擇了建築設計這個科系。對一個富有「叛逆」思想的人而言，選擇了這個富有創造性的科系有助於他個人事業的發展，畢業後，他如願以償的進入一家建築公司的設計部，做起了本科系的工作。雖然說部門的幾個同事有時候也能接受和理解他的叛逆思想和行為，但他平時難免會與其他部門的負責人和一些與公司有業務關係的客戶接觸，因為他思想叛逆而怪異，行為超出人們理智的控制範圍，得罪了公司內外的許多人。半年後，他就被公司辭退了。後來，也一直都沒有找到像這家公司一樣富有規模和發展前景的企業來發展自己，白白浪費了人生中的一次機會。

現實生活中有很多人因為這種性格而被環境所吞噬，成為悲劇的主角。畢竟，社會傳統勢力很強大，個人不能逆潮流成功，否則就很容易被大浪裹挾而去，最後不是隨波逐流，就是被巨浪捲走。所以，進入職場後，我們一定要控制好自己的心態，嘗試著改變或者把握自己的性格。

具有叛逆性格的人由於喜歡表現以顯示與眾不同，更是因為他們從來都不懼怕別人對他們有什麼樣的看法，所以缺乏必要的謹慎，加上容易衝動，犯錯誤就不可避免了。另外，具有叛逆性格的人，大多心直口快，不願強忍，尤其不願遭受侮辱，所以在此類情況下，有時就會頭腦發熱，做出一些常人認為不理智的事情來。

人的心理需求是複雜多樣的，心態也是活動多變的，而具有叛逆性格的人往往很容易受一些社會不良因素的誤導，他們極力想展示自己的個性，表達自己的情感，但總是與社會環境格格不入，不為傳統道德認同，不為社會所認可，於是，心理就容易失衡。

尤其是一些年輕人，社會經驗不足，叛逆性格又明顯，而且常常以為叛逆性格是社會新生力量的表現，致使自己的行為高度個性化，甚至偏執的認為，凡是不合自己想法的觀念和政策都是錯誤的，都是不合理的，都需要改造。但他們並不知道社會發展是不以人的意志為轉移的，於是，受挫是不可避免的。

屢屢受挫之後，性格叛逆者便感到社會生活乃至家庭空間都很壓抑，便又傾向於厭世，甚至認為自己生不逢時，空有抱負而不能實施，無處發洩，只好牢騷不斷，心態變得消極，最終導致一事無成。

因此，每個年輕人一定要把握好自己的性格，掌握好自己工作中的分寸，不要把學校裡或者日常生活中養成的一些「叛逆」習慣和行為帶入自己的工作環境中，否則受傷的只能是自己。

第三章　挖掘自身職業潛能

「年輕世代」作為年輕奮進和個性張揚的新一代，普遍學歷高、想法活躍、可塑性強、主動熱情且多才多藝。儘管在求職中多少會伴有「眼高手低」的色彩，但整體的職業素質潛能都很強。不少「年輕世代」在企業已走進管理層，成企業的中堅力量，而獨自創業且事業有成者也不乏其人。有些人還會長期被派駐外地工作，獨自面對競爭激烈的市場。

挖掘自己的潛能

你勝任現有工作，並且已經上到某一個職業台階，於是，想再接受更大的挑戰，透過自己的努力上到更高的台階。這樣沿著職業發展的一條主線，積極準備，透過自己的知識儲備、技能儲備、人脈儲備，使職業金字塔的基底厚實，職業發展厚積薄發，健康向上。

三十歲的賀明，大學主修英文畢業，有六年工作經驗，熟悉專案管理，在一家國際知名的汽車公司做英語翻譯。外表英俊瀟灑、說話聲音洪亮，英語口語流利，是一個難得的做翻譯的好人才。賀明在公司工作得力順手，並無什麼不太好的地方。但是，為了追求更大的職業發展，賀明還是想透過職業顧問幫助他好好規劃，並推薦更合適的工作。目的只有一個：求得職業金字塔更高的一個台階。

賀明的主要能力：核心競爭力是英語能力。自學能力強，有上進心。具有良好的品質和做事認真的程度。所以他的發展方向可分為兩個方面：

1．高級英語教師，路線是英語教師→高級英語教師

走教師路線，對他的長期發展比較有利。他的英語水準和商務經驗對授課都比較有利。相應的授課技巧和技能均需要提高。目前要做的事是：切入專業教學領域。加強個人溝通的技巧，參加拓展訓練或其他與口才相關的培訓。在網路上與網友多方面溝通，樹立個人的品牌。

2. 專案經理，具體發展路線：專案助理→專案經理

做專案助理工作，可以發揮他在汽車專案方面的經驗。但專案管理是一個非常複雜的工作，需要學習非常多的知識。如專案管理的整個流程：擬定、編制和修訂這個產品開發專案或專案階段的工作目標、計畫方案、資源供應計畫、成本預算、計畫應急措施等；按照組織和協調各種資源、採取有關輔助措施來實施該汽車產品的開發；在開發過程中，必須透過制定標準、監督產品開發的實際過程、分析差異和問題、採取糾偏措施等來對產品開發實施控制；最後，必須制定產品的移交與接受條件，並完成成果的移交，從而順利結束該產品的開發工作。

涉及的知識領域有：專案範圍管理、時間管理、成本管理、品質管制、人力資源管理、溝通管理、風險管理、專案整合管理、採購管理。建議他根據企業的需求考取國際專案管理協會（IPMA）或專案管理學會（PMI）的相關認證。

一個職業人要獲得更好的職業機會，當職業機運到來時你能勝任，你能在殘酷的競爭風險中使職業發展並持續前進，你就要不斷的對自己提出更高的要求：

1. 形成屬於自我的核心競爭力

一個人能否取得事業上的成功，關鍵在於是否能準確識別並充分發揮自身的才幹和優勢。要認清自己的才幹和優勢，了解自己的IQ和EQ，智商有多高，情商有多廣，在此基礎上選擇職業方向。把自己內在的潛意識的優勢挖掘出來，結合自己外部優勢：學歷、能力、經歷，然後，凝聚成一個強有力的核心競爭力。用這個核心競爭力，在職場上打拚、奮鬥、向上、發展。

職業發展如同逆水行舟，不進則退。即使職位沒有升遷，但是職業一定要求得發展。發展職業過程中充分了解自己的核心競爭力，對職場、對行業、對企業和對職位有科學理性的判斷，將自己的各種技能、資格、學識和經歷分門別類打包裝筐，儲存於自己的檔案中，排出先後主次，編好代碼，並依此合理規劃職業生涯，在你沿著某一主線向前發展時，當機運「呼叫」哪種能力時，你都能按照代碼到記憶體中查找到回應的資料進行「回應」，這樣才能保證自己職業的可持續發展，並定期有所突破。

2．用自強不息的精神實現職業發展目標

清晰了自身的才幹和優勢，就要樹立明確的職業發展目標。職業發展首先是有高瞻遠矚、明察秋毫的眼光，堅忍不拔、銳意進取的行動。當職業前進中發生困難時，自己的AQ要高，經受得了挫折，面對現實中，紛繁蕪雜的世界與強手如林的競爭，風險和機運並存的環境，只有鍥而不捨、堅忍不拔，信心百倍、自強不息去迎接挑戰，才能自由的遨遊在天地之間，去追求事業成功、宏圖大展的夢想。

如果盲目、隨機的進行職業選擇，會使自己走一些彎路或減慢職業發展的速度，甚至誤入歧途、走向岔路。使自己的職場故事不太美妙，甚至夾雜悲劇色彩。

3．塑造良好的職業操守和個人品德

做事先做人，一個人無論成就多大，人品是第一位的，而誠信就是人品的第一要素。良好的職業道德和價值觀是職業人獲得持續的職業發展的基礎，有良好的職業操守，對上認真負責、忠誠守信，對下任人唯賢，知人善用，對同事謙虛有禮、和睦相處。

謙虛，是為人的重要前提，謙虛使人進步，謙虛的個性，決定了你不斷自勉、虛心傾聽他人的意見，及時對自身進行調整和改善，從而獲得更大進步。謙虛的個性，讓你超越自我的極限，不斷精進自己的能力，從而譜寫更美好的職場故事。

職業道德和人格力量不僅可以使其在團隊中樹立起威望和影響力，也讓公司更願意委以重任。「小勝在智，大勝靠德」誠信建立信譽，謙虛使人精進；做誠信職業人，走健康職業路。誠信是需要長期維護和經營的，只有維護了自己的信譽，才能得到可持續的成功，以身作則才是別人對你建立信任的先決條件。

4. 明確「硬技能」、了解「軟技能」

「硬技能」是指職業技能中的第一部分是日常工作技能，「軟技能」職業技能中的第二部分是通用技能，這些技能在很多工作崗位中都用得上。常見的通用技能有寫作、人際溝通、管理能力等等，這些能力不但為絕大部分的高層職位所需，也適用於各行各業，只是所面對的內容、主題和對象不同罷了。

要想成功的轉行、轉型、跳槽，技能是最響最實的「敲門磚」，而要具備這些技能，就是要不斷沿著自己的職業主線去充電，不斷豐富自己的專業知識，知識、技能如同餐桌上盤中的豐富食物，有的人如饑似渴，狼吞虎嚥，去迫不及待的吞食，有了豐厚的知識儲備，遇到職業天花板，也還有衝擊力去衝擊；而有的人卻得了「知識厭食症」，提到學習就頭痛，這樣的職業人很容易產生腹內知識匱乏，患上知識、技能貧血症，職業瓶頸隨時就在眼前。

5．挖掘自己的潛能

每一個人都有自己獨特的東西，在不同的環境裡形成了不同的個性、長處，不管什麼情況，積極的心態是戰勝命運的有力武器。有人能發揮潛能，能獲得職業提升和發展，能獲得事業成功，是因為他能始終保持積極的心態，這就是成敗的差異。人生是好是壞，不由命運來決定，而是由心態來決定，我們可以用積極心態看事情，也可以用消極心態。但積極的心態激發潛能，消極的心態抑制潛能。

江山易改，本性難移，改變一個人的心態是很難的，但要時時記得一句話：一個人的心胸決定了他所能達到的事業高度。

6．機運讓你如魚得水

對於有的人，成功並不像你想像的那麼難，因為他們的運氣好，當運氣來臨的時候，擋都擋不住，命運是不公平的，機會也不是平均分配的，但是，職場上的主動權，都是自己爭取來的。當機運到來時，你要有力量抓得住，那個力量就來自平時各方面的累積，你的累積豐厚，你就可以把握人生的每一次機會，不斷刷新前面的記錄，不斷去攀登金字塔的更高台階。

每個年輕的職業人都想獲得發展，有的發展速度快、有的發展速度慢，有的停滯不前、有的逆流而上。要想不斷獲得發展，就要不斷穩固職業金字塔的每一個里程基石，才能在機運與風險並存的海洋裡乘風破浪、自由遨遊！

不要做個「漢堡」人才

「漢堡人才」的悲哀有這樣一則寓言：

白馬和黑馬在同一片草原上生活，兩匹馬都懷有名揚天下的夢想。白馬相貌堂堂、身高腿長、毛髮光亮，是如假包換的「白馬王子」。白馬也很希望能憑藉自己漂亮的外表去改變命運，於是每天都精心的梳洗打扮，保養毛髮。黑馬呢？牠雖然自知不如白馬英俊瀟灑，但是相信世上一定會有伯樂，相出自己這匹真正的千里馬來。為了讓自己更對得起「千里馬」這個名號，黑馬天天勤學苦練，練得自己奔跑起來都如風馳電掣一般了。

遺憾的是，伯樂首先看中了的卻是實力不濟的白馬。伯樂把白馬獻給了國王。白馬住進了金碧輝煌的王宮，榮耀至極。為了向群臣炫耀，國王特意騎上白馬去郊外打獵。沒想到，才走出十幾里路，白馬就體力不支，氣喘如牛，步伐大亂，還不如僕人騎的普通馬。國王顏面大失，一氣之下把白馬關入了磨坊，和驢子一起拉磨。白馬一直嬌生慣養，根本拉不動磨，簡直毫無用處，不久便被殺掉了。

很快，黑馬亦因為其奔跑速度如風馳電掣、耐力驚人而終獲伯樂賞識，被推薦給了國王。此後，黑馬跟隨國王一起南征北戰，立下汗馬功勞，成為天下聞名的「千里馬」。

看完白馬黑馬的命運變奏曲，忽然聯想到了職場中的「漢堡人才」。「漢堡人才」是職場中的新鮮詞。何謂「漢堡人才」呢？它是指那些具備足夠行業經驗和大學以上學歷，持有至少一項職業資格或技能，卻在跳槽中屢戰屢敗，得不到理想職位和薪水的人。在本質上，這群職場人士和巨大的漢堡有一點類似，都是看上去外表光鮮，吃下去卻沒有多少「營養價值」。在職場中，如果沒有讓企業愛不釋手的核心價值，那麼，你就很難獲得重用，而且很容易「失業」，即使你擁有再光鮮的專業資格證書或技能證書，即使你是名校名院畢業生。

每年都會有數百萬的學生走出校園，像一群蜜蜂一樣飛向人才市場，當他們把那些精心包裝出來的簡歷遞上去之後，用人單位的工作人員大多時候只是隨意的翻翻，然後放在了一邊，因為即使應屆畢業生們說得再天花亂墜，沒有真本事也是不行的。有不少求職者在遇到一連很多天類似這樣的遭遇後，會很容易自信心大傷，感覺自己學的專業走進了社會就全變成了沒用的東西。

名校畢業的李奇和他的同學們，也經歷過這樣的遭遇。後來他們好不容易被一家企業試用，最後還都「全軍覆沒」—沒有人通過試用期。當然，李奇和他的四位同學都是有收穫的，至少從這家企業的人事主管口中，他們學到了「漢堡人才」這個概念。

還記得剛參加徵才活動時，李奇和他的同學投了無數份簡歷也沒什麼效果。幸運的是，最終還是有一家單位同意接收他們，這還是一家中外合資的大公司。李奇他們一共去了五個人，等待他們的是一個月的試用期。

當了解到這裡的員工大多數只是普通學校的大學生，一線工人甚至只有高中文憑後，他們都畢業於名校，當然很自信自己會成為這裡的正式員工，因為他們有了學歷上的優勢。結果在試用期間，他們自視高人一等，上班時得過且過，等著試用期滿，然後轉成正式員工。沒料到，試用期一個月滿後，人事主管便把他們叫到人事部，並向他們宣布，他們都沒有通過試用期。李奇和他的夥伴們臉上寫滿了不解。李奇說：「請問為什麼？退一萬步，至少，我們也比那些高中生強吧？」

看到他們心有不服，主管笑了笑，然後解釋道：「是的，你們上學時學習成績不錯，學歷也要比我們公司裡那些一線工人要高。但我們為什麼還是不能聘用你們呢？原因是，你們沒有自己的特點和長處，而那些操作線上的工人，至少還有一種踏實肯做的精神，有一技之長，而你們一直飄在空中，拿著你們的大學學歷，你們就像一個個漢堡，表面看上去光鮮無比，其實沒有什麼實際工作的能力，還自視清高不肯虛心學習……」

李奇聽完如夢方醒，他這才知道，走進社會這所「大學」，自己需要學習的東西還有很多。

在職場中，發揮競爭優勢，最重要的是「我有你沒有的能力」，但是「漢堡人才」的知識技能很多屬於「你有我有大家有」的情況，沒有與眾不同的能力，外表光鮮而沒有專長，這樣的人缺乏堅實的學識和基礎，這些瓶頸因素在很大程度上制約了他們的職業發展，使他們在競爭中沒有實力去與其他人競爭，最後導致職業上的瓶頸。

那麼，該如何解決「漢堡人才」的職業瓶頸呢？

首先要完善自身的「技術知識庫」和「資源知識庫」。前者指專業技能、知識儲備，後者指行業相關的各類資源，包括核心客戶、行業經驗、社會資源、品牌資源、對競爭對手的資訊掌握程度，以及對企業策略發展的思考能力。另外，在時間分配上，學習和工作應四六分配，在工作中學習、總結，不斷提高。職場人要做一塊能重複吸水的海綿，有付出，更有吸收新鮮知識的機會，這樣才能跟上職業發展的節奏。

帶著思考工作

大多數年輕的職場人都意識到了「執行」的重要性，在接到任務時，也會本能的快速進入狀態。其實「效率」固然重要，但如果在工作過程中缺乏思考，就很難享受其中的樂趣，在遇到問題時也很難快速解決。

所以「帶著思考工作」，這樣既能防患於未然，也能以最快的速度達到目的。一家諮詢機構一直宣導「智慧的做事，頑強的做事」。凡事當前，先思考如何做才能成本最低、效率最高。走不了捷徑的時候，我們再說頑強的迂迴。

如果你仔細觀察就會發現：大凡優秀的人，都是重視思考的人。他們知道只有思想方法正確，才能在事業上取得更大的發展。他們起步也許不快，但總能最先到達終點，這正是正確思考的結果。

當你在工作中遇到問題時，就要觀察一下那些優秀的人都會怎麼做，你會發現：他們不會把哪些問題看成是壞事，或者忙不迭的把問題推給別人解決，而是冷靜的思考問題發生的原因以及以前是否出現過類似問題，研究導致問題的環境因素，弄清楚這些因素是如何隨著時間變化的，判斷問題可能產生的影響，並對問題有一個前瞻性的預測，然後開動腦筋，思考如何才能把問題轉變成一個積極的機會。

不管在生活中還是在職場中，你都應該銘記這一點：以思考求生，以智慧取勝。在你和人交往時，在你處理一件工作時，在你解決生活中的難題時，你都不能忽視思考的力量。有人累積了許多經驗，但是不能從中得到教訓；有人讀了許多書，但是不能從中得到獨特的體會；有人獲得各方的消息，但是不能分析和判斷各種現象和本質……這些人，正是缺乏積極思考的意識。其實，積極思考也是一種創新的能力。

在職場，你必須熟悉自己所做的事情，並應該做好準備面對一切可能出現的正面或者負面的結果。透過積極思考全面準備，你就能夠逐漸具備良好的處事能力。如果你沒有經過思考就行動，那就很可能在工作中遇到很多不必要的麻煩。

積極思考的人不但能更快的從現象中、消息中、知識中、經驗中讀出不同的訊息，而且能從中發展出新的技術、新的發明、新的作品、新的觀念。說穿了，積極思考其實就是有心計，愛動腦，不蠻幹，不盲動，對每一件事都前思後想、深思熟慮，三思而後行。積極思考的人總是能想出高招，設下奇謀，給每個環節都細針密縷的縫進智慧的紐扣。所謂「運籌於帷幄之中，決勝於千里之外」，強調的就是積極思考。

那些在事業上遭遇失敗的人，往往都是由於草率行事，沒有認真思考就貿然前行，結果一個不經意的細節就可能敗壞了先前的努力。經常積極思考的人，其事業之舟總是一帆風順。

沙漏是一種古董玩具，在時鐘未發明前，沙漏用來測定每日的時辰。時鐘問世後，沙漏已完成它的歷史使命，而西村金助卻把它作為一種古董來生產銷售，生意也沒有想像中那麼好。為了改變處境，西村在茫然之中尋找著更好的生存方法。

一天，西村翻看一本講賽馬的書，書上說：「馬匹在現代社會裡失去了牠的運輸功能，但是又以高娛樂價值的面目出現。」在這不引人注目的兩行字裡，西村好像聽到了上帝的聲音。他想：「賽馬的馬匹比運貨的馬匹值錢。是啊！我應該找出沙漏的新用途！」

從書中偶得的靈感使西村重新振奮精神，他把心思全都放到他的沙漏上。經過幾天苦苦的思索，一個構思浮現在西村的腦海：做個限時三分鐘的沙漏，在三分鐘內，沙漏上的沙就會完全落到下面來，把它裝在電話機旁，這樣打長途電話時就可以有效的控制電話費了。

西村為這個念頭激動不已，並立刻著手製造新產品，他的設計很簡單：把沙漏的兩端嵌上一個精緻的小木板，再接上一條銅鏈，然後用螺絲釘釘在電話機旁就行了。不打電話時，它還可以作裝飾品，這個微不足道的小玩意，卻能調劑現代人的緊張生活。

西村的新沙漏可以有效的控制通話時間，售價又非常便宜，因此一上市，銷路就很不錯，平均每個月能售出三萬個。這項創新使看似沒有多大用途的沙漏轉瞬間成為生活中有益的用品，銷量成千倍的增加，面臨倒閉的小作坊很快變成一個大企業。西村也從小老闆搖身一變，成了腰纏萬貫的富豪。

如果西村不是一個積極思考的人，即使看了那本賽馬的書，也不一定會產生什麼新鮮想法，更不可能為他的沙漏生產找到新的出路。其實不管什麼時候，成功都格外偏愛那些善於積極思考的人。

在職場，如果你能積極思考，一邊工作一邊思考，把思考作為你事業的支撐，那麼你一定能如魚得水，步步高升。當然，這世界上喜歡想的人很多，但並不是每個人都會積極思考，有的人思考方式很消極，遇事先想壞處，再想惡劣結果，這樣思考下去，反而讓自己陷入痛苦無法自拔了。

優秀的人總能夠有效運用積極思考的力量，所以不管他們遭遇什麼樣的困境，也都能找到新的方法反敗為勝。

現在提起潘石屹和他的現代城，大概無人不知，無人不曉。但是，潘石屹的成功也是和他的積極思考分不開的。一九八一年，潘石屹從學校畢業，並以第一名的優異成績被石油學院錄取。一九八四年，潘石屹畢業後被分派到石油部管道局經濟改革研究室工作。在那裡，他的聰明才智得到了主管的賞識。

有一次，辦公室新來了一位女大學生，她對分配給自己的桌椅十分挑剔。當潘石屹勸她湊合著用時，她非常認真的說：「潘大哥，你知道嗎，這套桌椅可能要陪我一輩子的。」這不經意的一句話深深的觸動了潘石屹，他陷入了深深的思索：難道我這一生將與這套桌椅共同度過？這不是我想要的生活！那麼，我到底應該怎樣才能擁有真正屬於自己的生活呢？

潘石屹決定改變自己的命運。一九八七年，他變賣了自己所有的家當，毅然辭職，帶著八十塊錢去打工，後來與朋友開公司，自己做老闆，開始了經商生涯。憑藉個人努力，潘石屹迅速完成了初始資本的累積。

很多人命運的改變，都是從一次不經意的思考開始的，一個人一旦明白了這個道理，就會在以後的道路上注重思考的力量，也會抓住每一次機會表現自己，成就自己。

其實，如果你養成積極思考的習慣，那麼你的人生將呈現出不一樣的精彩。如果你能帶著思考工作，那麼你就會發現原來工作中有那麼多樂趣等著你去挖掘，原來一切問題處理起來都是那麼得心應手。別再猶豫了，從今天起，帶著思考工作吧，你的命運從此將會出現改觀！

勇於創造，遠離瓶頸

創造力是一個人一生的資本，也是現代企業中許多優秀人物的立足之本和升遷祕訣。過去幾十年社會的種種進步，都是源於人類身上無法預測的創造力。

職場上，我們經常會看到這樣的年輕員工，他的各方面條件都不錯，具備令老闆賞識的多種技能，但是，他們有一個非常致命的弱點，那就是不敢面對挑戰，沒有獨立的創造力，或者是缺乏應對困難的信心，平日裡總是謹小慎微、循規蹈矩、隨遇而安。根本就不敢超越自己，不敢突破自己，故步自封、瞻前顧後、畏首畏尾，根本不會有什麼新的突破。

美國大富豪比爾．蓋茲曾無數次的談到：「對於一個公司來說，最重要的就是員工的創造力！

我們要做的事情是，招募業界最聰明、最優秀、最肯做事、最有創造力的人進公司。」

創造力是在知識和經驗的慢慢累積中不斷提高的，在競爭激烈的現代職場，作為一名員工，在一定程度上，你的創造力決定了你在職場的發展。有著超強創造力的員工往往總是能先人一步得到晉升或者加薪的機會；而沒有創造力的員工，則只能是原地踏步，甚至陷入職業的瓶頸之中。機會對於那些沒有創造力的人而言往往永遠是可望而不可即的，長此以往，他們的思維會僵滯變得模式化，所有的靈性與創意都會消磨殆盡，這樣一來，遲早會走上職業瓶頸的不歸路，被職場所淘汰。

所以，要想在職場長久立足，必須要努力學習，汲取經驗，以此來提高你的創造力。很多人因為沒有創造力而被職場拋棄，也有很多人因為有創造力而加薪晉級。

約翰是一家製傘廠的工廠職員，一個陰雨天，約翰撐著傘到街上去辦事，由於他把傘撐得非常低，擋住了視線、沒有看到前面駛來的自行車，被著實的撞了一下，倒在地上弄得渾身是水。

約翰一邊嘆息自己運氣不好，一邊想，要是把傘撐高點不就能看清前方了嗎？可是一直保持把傘撐得很高，手總會酸呀！要是傘是透明的不就好了嗎？

此時，約翰腦子一閃，一個創意出現了，約翰將自己的創意報告給了老闆，獲得了讚賞，但很多同事卻認為那不是個好主意。幾千年來，傘都是用布和油紙做的，就沒聽說用塑膠做傘面的，面對同事的不理解，約翰並沒有過多在意。他很快拿出了自己的設計，不但用上了透明塑膠，而且還對傘的形狀做了改變，使傘不再局限於圓形，也設計出了方形的雨傘，甚至為了迎合兒童的喜好，將卡通元素大量引入製傘工藝中，這些傘一投放市場，立即引起了轟動，而約翰也很快便得到了老闆的加薪。

可見，在工作中，員工需要創造性的完成任務，而不是簡單被動的完成一項任務。一件非常簡單的工作，如果你能夠認真思考，一定會發現一些可以改進的方法。

所有的企業都是只保留最有創造性的人。老闆總是獎賞那些最好的人才，同時剔除那些效率低的。最高的薪水、最高的獎賞，都是給那些創造力最強的人。有一家手帕廠專門生產白錦緞手帕，品質非常好，做工也很精細。但是，隨著各種面紙的出現，手帕廠出現了二十多萬條的庫存積壓，這讓廠長整天發愁。這時，銷售人員孟迪想，大家都認為手帕是用來擦手、擦汗的，但是除了這幾種實用功能之外，手帕還可以用來美化生活。於是他跑市場做調查，結果發現沒有一家手帕廠生產以美化功能為主的手帕。這個發現讓他欣喜不已，回廠後他馬上向廠長反映這個情況，並和技術部門連夜設計出新手帕的樣式及各種圖案，他們把原本品質很好的滯銷手帕印上各種圖案，然後配上說明書重新投放市場，結果大受消費者歡迎。二十萬條庫存手帕重新加工後成了市場上的暢銷品，一售而空。孟迪也因此獲得了豐厚的酬勞。

美國成功學家格蘭特納曾說：「如果你有自己繫鞋帶的能力，你就有上天摘星星的機會。任何人只有勤於動腦，總有機會創造卓越。」奇異公司歷史上最年輕的董事長和執行長傑克威爾許也說：「要去摘星星，而不是沉迷於令人厭煩的小數點。」

當你選擇了一份工作的時候，其實你也是在選擇一種生活。你可以選擇墨守成規的把工作做完，讓自己的工作乏善可陳；也可以選擇有思考、有創造性的工作，讓自己和工作都變得別具一格。兩者的結果確有不同，創造性的工作，做到最棒，並不僅僅有益於公司和老闆，最大的受益者往往是我們自己。它意味著機會、加薪、升職以及其他更多的報酬，包括金錢、名望、權力、歡樂、人際關係的和諧、精神上的啟發、信心、開放的心胸、耐性，以及其他任何你認為值得追求的東西。反之，則只會一步步走向職業瓶頸。

因此，我們每一個年輕世代的員工都要善於創造並傳播新思想、新理念、新方法。人的一生就是一個不斷的在創造中成長的過程，只有那些在工作中有所創造的員工，才能夠穩定的更好發展，才能永久的突破職業的瓶頸。

敢於冒險才能突破自我

許多年輕的朋友因為剛剛進入職場工作，感覺自己的能力和經驗都不夠，遇事都不敢主動去冒險，結果錯失了許多的機運。當然，也有一些遇到瓶頸和困境而又缺乏行動能力的人，總是為自己的行動先尋找理由。一般來說，編造種種藉口和理由拒絕行動的人，用一整套理論武裝了自己，他們不想冒險擺脫瓶頸或困境，而只想等人來救，卻孰不知，這樣下去才更可能因耗盡精力而魂歸空谷。

工作是包含了許多智慧、熱情、信仰、想像和創造力的一個詞彙。而且那些非常有成效和積極主動的人，他們總是能夠在工作中付出雙倍甚至是更多的智慧、熱情、信仰、想像和創造力。而那些失敗者和消極被動的人，他們只會把這些深深的埋藏起來，他們只懂得逃避、指責和抱怨，並不主動自發的把自己的熱情投入到工作中去。工作是一個關於生命力的問題，並不只是一個關於做什麼事和應該得到什麼報酬的問題。

工作是自動自發的，工作就是付出努力。事情要先做起來，才能判定自己行或不行，因為太多的事情對社會來說是前所未有的，對參與者來說從未做過，而只有勇敢的去冒險、去嘗試，才能把握工作中的訣竅，並突破自己的工作能力。時間，由無數個「當下」串在一起，工作中的每一瞬間、每一個當下，都帶有永恆的種子。抓住每一個工作中的當下，人生才無缺憾，事業才會走上台階。

我們經常在懊悔中度日，然後立誓，從今以後要如何如何。事後卻往往忘了自我的諾言，直到下一次的後悔。有一句話：「要活得像明日就要死去一樣。」不是要消極度日，不是要盡情享受，不是要短視近利，不是要麻木苟活，而恰恰相反，是要把握當下。

劉曉菲剛剛畢業後進入一家化妝品公司工作，培訓完了沒有幾天，經理決定讓一個富有經驗的老員工到一個大城市裡建立一個新的市場拓展點，公司在背後提供一些人力和物力的支援。但是，當經理提出這個建議時，那些老員工們個個低頭沉思，都沒有主動請纓。此時，經理的目光在剛進入公司的一些新人身上巡視了一遍，大家也都低下了頭。此時，劉曉菲熱血沸騰，舉起手說：「報告經理，我想去。」「但是，你……」經理話還沒有說完，劉曉菲便搶著說：「我想自己會努力的把事情做好的。」

出於對新員工的考驗，經理同意了她的要求。下班後，劉曉菲為自己一時的衝動有些後悔，回到家中，父母和哥哥也指責她少不更事。但是，劉曉菲卻鼓勵自己說：「就冒這一次險，全當是對自己的一次磨練。」因此，她便輕裝上陣了。

因為對劉曉菲這個新員工膽識的賞識，公司替她制定了一套嚴謹的工作方案，並在後方提供諮詢服務。經過三個多月的艱苦奮戰，劉曉菲終於在那個大城市裡建起了一個小規模的市場拓展點，因此，被提拔為那裡的部門副經理。同時，在發展這項工作的過程中，她的見識和能力也因此實現了大幅度的突破。

想做該做的事現在就做。做好當下要做的事，體會當下的感覺，用心去活，這就對了。在英文裡，present 有兩個意思，一是禮物，一是現在。「現在」就是上天賜予的禮物。

剛進入工作場合時，在我們塑造自己的個性時，往往會屈從於權威、輿論或功利的意圖，而忽略了自己和環境的長遠需要、自我的天性基調和生活的本身。這使我們在面對工作時，往往猶豫不決，不敢果斷的去冒險，這種心態，使我們走了一步，又發愁下一步，把發展變成一種沒完沒了的應付，使成長淪為一種扭曲。

為了使自己的人生向前邁進，哪怕只是一步兩步，只要採取行動就是勝利。「著手做好呢，還是放棄不做好呢？」有這種猶豫的時間，還不如先試著做一下。

行動前，感到猶豫或煩惱，是因為在為行動尋找合適的理由。不管採取什麼行動，不假思索就開始做，確實需要一種勇氣。誰都害怕失敗，「不做該多好」這樣的後悔藥都不想吃。

所以，人們行動前總想找到自己能夠接受的理由，找到「應該做這件事」的必然性。但是，抱著做每件事都要找理由的態度，就不會有真正的行動能力。有行動能力的人，不需要行動的理由，就能夠毫不猶豫的迅速行動。他們絕不是先找到理由再行動，而是先行動起來再考慮「我為什麼做這件事」。理由與必然性總是在「行動」之後才產生的。因此，我們剛入職場後，要敢於冒險，並嘗試去做，這才會踏出人生的第一步。

敢於冒險並不意味著盲目的實踐新想法。員工個人一旦產生新的想法，就必須先了解新想法產生的環境、要達到的目標，以及可預見的挑戰。然後，與上司、同事進行溝通，表明這樣的立場——即將展開的冒險行為並不是為了個人，是為了公司、為了同事，這樣能尋求到上司和團隊的認可。當冒險者得到理解和認同，其冒險行為將得到整個團隊的支持。當所有團隊成員和冒險者站在了一起，就是科學的冒險。

相信自己可以戰勝困難

「相信你一定可以戰勝困難的。」要在乎困難，這也許是一種幸運的開始。

何大山大學剛畢業的時候，父親拍著他的肩膀說：「相信你一定可以戰勝困難的。」那時是一九九七年的夏天，他的母親剛剛去世，他的父親也因為一場意外的事故病倒在床上，沒有多少社會經驗的何大山感覺自己好像挑起了千斤重擔一樣。因為他是自費生，畢業後工作也是自己找的，在公司裡也是低人一等。但是，他沒有氣餒，在父親的鼓勵下，他每天早出晚歸，漸漸贏得了老闆的信任。

有一次，公司安排他到一個城市去聯繫幾家經銷商，路途遙遠，從無一點業務經驗的他真是無從下手。此時，又是他的父親──那個正病倒在床上的老人，鼓勵他：「相信你一定可以戰勝困難的。」因此，他拜託一位友人照看自己的父親，然後輕裝出發了。

一個多月的時間，何大山不停的奔波忙碌，費盡心思的向一些目標客戶介紹自己公司的產品。因此，他贏得了別人的信任，順利的完成了公司交付給他的任務。回到家後，他的父親病也好了，可以自己照料自己了，而他也憑自己的勇氣和刻苦工作的精神獲得了老闆的賞識，成為了一名區域經理。現在，他已經走出了那家公司，自己開創了一番事業。

生活中遇到困難，是再正常不過的事情了。我們每個人在任何時候都會遇到大大小小的不同的困難，這些困難也向我們提出了不同的挑戰。對於一個懂得心理平衡的人，就會依靠自身的優勢與強項去戰勝困難。

人生如戰場，試想一下，如果你身臨戰場，當你遇到困難和敵人時就趕緊後退，其後果如何？把事情做好，把困難解決掉，這不也是一種「作戰」嗎？因此，當你在自己的生活和事業中碰到困難時，一是做給別人看──要讓別人知道你並不是一個懦弱的人，一個膽小鬼。即使你做事失敗了，你不怕困難的精神和勇氣也會得到他人的讚賞；如果你順利的克服困難，這就更加向他人證實了你的能力！

二是做給自己看。一個人一生中不可能一帆風順，事事順心如意。碰到一點困難，其實並不可怕，要把困難當成是對自己的一種考驗與磨練。也許你不一定能解決所有的困難，但在克服困難的過程中，你在智慧、經驗、心志、胸懷等各方面都會有所收穫，會對你日後面對困難有很大的幫助，因為你至少學會了如何應付。如果你順利的克服了困難，那麼在這一過程中你所累積的經驗和信心將是你一生當中最可貴的財富。「攻擊是最好的防禦」。這是一條軍事原則，而且它不僅僅適用在戰場上。所以，在面對困難時只要你不迴避而是面對它們，它們就不會成為大問題。輕輕的觸摸薊草，它會刺傷你；大膽的握住它，它的刺就碎落了。

呂劍剛畢業就進入一家進行公共關係諮詢的公司擔任一名底層的推銷員。他雖然喜歡這份工作，但是卻希望把其範圍擴大一些，他最感興趣的是對人的研究。在經過幾年學校裡對理論的研究之後，他認為自己已經找到有些人不能和周圍人和睦相處的原因，但是對他來說最大的障礙是缺乏演講的經驗，而無法將自己的發現公開表達出來。

有天晚上，他躺在床上想自己的這個大心願。他知道，自己唯一的演講經驗，不過是在推銷彙報會上對那一小群推銷員講話。所以，每當他想到自己要面對一大群聽眾時，就嚇得講不出話來。他絕不相信自己會講好一篇演講詞，但是話又說回來了，他想道：我為什麼可以神態自若的對著我的推銷員講話呢？於是他躺在床上，重新找出並且抓住自己對一小群人講話的那種自信和成功心情的細節。接下去他就想像自己正在對著很多聽眾發表人際關係的演講，同時心裡仍保持著自己面對一小群聽眾時的那種泰然自若和自信的心情。他在心中想到應該怎麼站，自己就可以感覺到腳踏地板上的壓力。同樣，隨著他想的，他可以看到聽眾臉上的表情，也可以聽到他們的掌聲。他活生生的看到自己做了一次成功的演講。

這時，似乎是有什麼東西在腦子裡跳動一樣，他感到興高采烈。也就在這一瞬間，他相信自己可以辦到這件事了。他已經把過去的那種成功及自信的感覺，攪和到想像的未來事業的畫面中。對他來說，那種成功的感覺是如此強烈，以致使他產生「一定能辦到」的感覺。他已經得到了我們在這章中所說的成功的心理，而且從這一刻起，這種心理就再也沒有離開過他。雖然當時他還看不出自己有什麼道路可走，而且看起來自己的夢想似乎也不太可能實現，但是僅僅過了三年，他的這個夢就變成了現實，而且幾乎和他想像中的一模一樣。

現在，他已經成為人際關係問題的權威，經常在一夜之間就賺進幾萬元。已有二百多家公司花錢請他去對員工進行人際關係方面的訓練，並對症下藥的開導員工們。而他的著作已經成為這一學科的經典之作。所有這一切，都來自他幻想中的一個畫面，以及那種成功的心理。

對喜歡規避責任的人來說，困難則成了最好的擋箭牌。你也許聽過許多人把失敗原因歸咎於沒有受過大學教育——對這些人來說，假如他們真正上了大學，他們仍能為自己找出許多理由。而一個真正成熟的人則不會如此，他們會想辦法去克服困難，而不是找藉口去規避困難。

因此，一些心理學家告誡，如果你面臨真正的瓶頸關頭，就需要產生大量的興奮感。興奮感在危急關頭會帶來很多好處，然而如果你過分的預想了危險或困難，如果你對錯誤的、歪曲的或不真實的資訊作出反應，你就可能產生過度的興奮。由於威脅遠遠不像你預想的那樣嚴重，所以這些興奮感就得不到適當的利用，不能透過創造性行為將不利因素排除掉，於是，它們就留在內心深處，封存起來，成為「煩躁心理」。極度的過量興奮對你的表現有害無益，因為由此產生的過度興奮是極不適當的。

英國著名哲學家羅素說過：「遇到不幸的威脅時，認真而仔細的考慮一下，糟糕的情況可能是什麼？正視這種不幸，找到充分的理由使自己相信，這畢竟不是那麼可怕的災難。」這種理由總是存在的，因為在最壞的情況下，在個人身上發生的一切絕不會重要到影響世界的程度。你堅持面對最壞的可能性，懷著真誠的信心去對自己說：「不管怎樣，這沒有太大的關係。」這樣，經過一段時間以後，你會發現你的憂慮已減少到一個非常小的程度。也許你需要把這個過程重複幾次，但是到最後，如果你面對最壞的情況也不退縮，你的憂慮就已經完全消失，取而代之的是一種喜悅心情。

因此，初涉職場的我們在面對困難的時候，一定要鼓勵自己：「相信我一定會戰勝困難的。」然後，就應該鼓足勇氣去面對困難，只有這樣，才能在困難裡不斷的磨練出自己的人格。這是剛畢業的大學生走入職場後挑戰自我的一種祕密武器。

當然，當我們在工作中面臨困難時，也要學會從以下三點來開導鼓勵自己去面對困難，挑戰自我。

1．每個難題都會過去

月有陰晴圓缺，人有旦夕禍福。沒有人一生一帆風順，任何人都會遭逢厄運。可是煩惱一定會有結束的時候，難題總會隨時間推移而解決，我們要頑強努力的去尋找解決的辦法。

2．每個難題都有轉機

任何問題都隱含著創造的可能。問題的產生是成功的發端和動力。問題的產生總是為某一些人創造機會，一個人的困難可能就是另一個機會，所以我們要抓住時機，促成轉機。

3．每個難題都會對你產生影響

你能夠控制自己的反應，卻不能夠控制潮流的趨勢和避免厄運，但是你能夠決定自己的態度。你的反應是關鍵所在，它可以使你變得堅強或軟弱，因此，你要學會鼓勵自己去面對困難，解決難題。

每個人在工作中不可能不遇到困難，甚至是大的災難。問題是，當有的人面臨困難時，他們無所畏懼、百折不撓，將困難視為生活的一種考驗，並使之轉化為一種積極有利的因素；而有些人遇到困難，首先會畏懼退縮，為之折服，並且抱怨，他們把工作中的困難當作是一種無法逾越的障礙，甚至是人生的一種不幸。一個不成熟的人隨時可以把自己與眾不同的地方看成是缺陷、是障礙，然後期望自己能受到特別的待遇。成熟的人則不然，他們先認清自己的不同處，然後看是要接受它們，或是加以改進。

因此，當我們在工作中遇到困難的時候，一定要鼓勵自己，「相信我，一定可以戰勝困難」，也暗暗的叮嚀自己：「要在乎困難，這也許是一種幸運的開始。」那麼，我們將會以自己的勇氣和信心去跨越初涉職場的第一道坎。

挑戰自己，超越自我

許多初入職場的年輕世代，因為害怕自己在工作中出現錯誤，常常壓抑自己的想法，完全遵循別人的想法，而不敢挑戰自己的願望，結果是喪失了主見，做事優柔寡斷、遲疑不決。這都是因為他們害怕承擔風險，喪失了強烈挑戰自我的願望所導致的一種結果。

當然，這種類型的人常常在工作中吃虧，因為他們需要按照別人的意志行事，非常神經過敏，也很容易受到心理上的傷害。不幸的是，在受到別人傷害時，往往使他們「吞下」所受的委屈，同時，在工作中也容易繞開一些能讓自己出人頭地的場面。

王霞畢業後在一家著名的律師事務所找到了一份祕書工作，這是她萬萬沒想到的。因此，為保住自己的工作，她在公司裡萬事都在忍氣吞聲，結果制約了自己的發展。

有一天，事務所裡的江先生碰上了一件十分難辦的案子，他非常惱火。他的屬下都知道，凡是碰到這種情況，他總愛拿底下的人出氣。果然，他責怪王霞把一份重要的文件弄丟了。王霞是一位很細心的人，她知道這份文件不在她的抽屜裡，她查找了一下登記簿，查到這份文件三週前已送到江先生的辦公室。但她卻一直不對他提及這事，而是一聲不吭的忍氣吞聲，任憑江先生指責她「辦事兩光」，「是所有員工中最沒能力的女祕書」。在他的橫眉怒目下，王霞把卷宗一件一件的放在桌子上，好像自己真的錯了一樣。

過了一會兒，一個可怕的想法又從王霞的腦子裡浮現出來，假如文件真的找不到，她會不會丟了這份工作呢？好在江先生最後在他的卷宗裡發現了那份文件，並且發現自己完全錯怪了王霞小姐。可是，可憐的王霞小姐以後還是要經常忍受江先生的大發雷霆。相比較王霞的這種行為，工作中還有許多人不但缺乏主見，而且連一些自己能夠承擔起的工作，也都不敢挑戰，結果是受到別人的歧視。

張揚畢業後到了一家圖書發行公司做起了圖書發行人員的工作，恰好，有一次老闆想安排一個人到某個城市去與圖書經銷商洽談一些圖書銷售的業務。本來，張揚就出生在那個城市，可以說他對那個城市的每一個街道都十分熟悉，最初，老闆把這個想法在開會的場合說了出來後，他躍躍欲試的想承擔起這個工作責任，後來，他又害怕自己的能力不夠，怕把這件事情辦砸了，便壓抑下了自己的想法。

第二天，一個與張揚同時畢業進入公司的業務代表主動的向老闆申請，接下了這個任務。來回共用了十天時間，對方很輕鬆的把這件事情搞定了，因此受到了老闆的賞識。因為公司的大部分人都知道張揚就出生在那個城市，並在那裡長大，本來想他一定會主動承擔起這份工作，出乎意料的是別人頂替他去辦了這件事，因此，大家都對他的工作能力產生一種歧視的感覺。

其實，許多初入職場的人都被一種害怕失敗的自我意念蒙蔽著，因此，我們就要在工作中具備一種強烈挑戰自我的願望，並把這種願望付諸自己的行動之中，這樣才能夠打破自己以前的思維習慣，並最終把自己導向成功。

當我們具備了這種強烈挑戰自我的願望後，此時，我們的大腦中就開始塑造一種相應的新意念，我們的行為就開始接受這種新的意念的指揮，並開始踏上追求成功的道路。

有一句名言說得好：任何一個人都會由他的主宰「引導著走向成功」，任何一個人都具有一種超越自身的力量，這就是「你自己」。所以，在日常工作中，我們必須記住：我們行為中的成功機制都是接受自己強烈挑戰自我的願望所指揮，因此，不管我們從事什麼職業，在踏入職場的一剎那，就要讓自己具備一種強烈挑戰自我的願望，這樣，我們在日常工作的行為中才能表現出一種不斷追求成功和追求上進的行為。

當然，一個人擺脫大腦中固有的害怕失敗的途徑和方法是，敢於堅持自己的權利和見解，並不斷的挑戰自我的願望。不幸的是，在我們的文化中，我們已習慣於一種內向行為，其結果是求得一種內在的自我滿足。現在這些觀念正在逐漸改變，儘管變化不是那麼迅速和明顯。靜止不動，裹足不前，往往使遭到困難的人變得神經緊張，感到「被動」與「局促」，甚至造成肉體上的病症。

所以，每個年輕人在工作中你應該徹底把情況研究一下，在心裡想像一下可能採取的各種行動方向，以及每一種方向可能產生的後果，並選擇一個最有前途的方向前進。

我們如果要等到完全肯定和有把握之後再去行動，就什麼事情也做不成。因為你在行動時隨時都可能犯錯誤，你所作的決定也難免失誤。但是我們絕不能因此而放棄我們追求的目標。你還必須有勇氣承擔錯誤的風險、失敗的風險和受屈辱的風險。走錯一步總比在一生中「原地不動」要好一些。你一向前走就可以矯正前進的方向；在你保持原狀，站立不動的時候，你的自動導向系統就無法引導你。相反，它甚至還有可能把你引向導致失敗的邊緣。

第三章 挖掘自身職業潛能

挑戰自己，超越自我

第四章　跳出一片海闊天空

在遭遇轉型遲滯的職場，他們因為文化斷層而難以接軌，處處難以適應。而寬鬆的社會環境又為他們提供了充分的跳槽條件。其中一部分有明確的跳槽意向，而更多的則是和瓶頸期一起的迷茫，除了可以明確的收入目標外，很多跳槽的「年輕世代」們並不一定清楚自己的未來目標，導致跳槽往往容易以失敗告終。

跳槽還是臥槽

如果以參考資料為準，在一九八〇年到一九八九年之間出生的人約為二點零四億，這就意味著約有二億人口已經湧入或者正在湧入社會這個大家庭，成為新一輪的職場生力軍。當這一個世代群體逐漸進入職場舞台時，當第一批年輕人已經走在步入三十歲的路上時，「三十而立」的他們再次成為社會關注的焦點。

李明是今年第一批走進「三十而立」的大家庭中的一員，畢業後一直就職於一家小型企業，由於工作能力較為突出，畢業之後的前四年職位不斷得到擢升，一年一個級別，從人力資源部助理升到現在的人力資源總監，企業規模也從二十多人擴充到三百多人。任人事總監一職已經快三年了，對於本職工作已經輕車熟路，但是職位不可能再往上升，薪水也在原地踏步。李明感到自己好像遇到了發展瓶頸，他不知道自己的下一步該怎麼走。考慮七年來跟隨企業一起成長的經歷，難以割捨，他不想透過跳槽來改變，那麼在原公司如何突破職業瓶頸呢？

有過多年工作經歷的人在面臨職業選擇時，重要的是你要熱愛這個職業，而不是某個職位，職業發展並不是獲取某個職位才能說明你的價值。像李明很幸運也很執著的堅持在HR領域發展而沒有輕易改變，這就為今後的職業道路走向更大的成功奠定了堅實基礎。但不要把自己局限在一家企業，而要放在一個行業裡，就會有長久的發展。

如果在不離開本企業的情況下，一方面加強和同行業人士學習交流，參加更高級別的培訓提升知識結構；另一方面，從企業實際出發，將部門職能從治理變為開發，開發員工潛力，幫助員工超越自我，創造新的職業發展目標。還有就是根據自身的性格特點、興趣愛好等綜合考慮向CEO方向努力，關注財務、市場、銷售等工作，或者申請換職，為具備CEO的素質而做努力。

冬梅是一所小城市普通學校畢業的大學生，畢業後在當地從事了幾份工作後感覺不適合，畢業三年後來到大城市。冬梅一直就職於一家電子公司駐當地的辦事處，透過三年的努力已經從一個普通的客服人員升職為辦事處經理。去年年底公司人事變動，辦事處的主管需要調回總公司，主管向總公司推薦了冬梅接替自己任辦事處負責人，但是遭到總公司的否決。原因是由於學歷低，專業性不夠，即使很了解公司的情況，但對整體的把控仍需要更多的磨練。

冬梅感到委屈，回想三年來的努力和付出沒有得到肯定，感覺上升無望，產生跳槽衝動，但又覺得放棄這個工作有點可惜，畢竟自己學歷不高，在大城市裡是否還能找到一份理想的工作還是未知數，跳還是不跳，該如何選擇？

冬梅因為沒有獲得總公司認可感到委屈萌生去意，但對未來不確定產生困惑，自己遇到了發展瓶頸。冬梅能在三年內得到不斷擢升，並被主管作為候選人，雖沒有被總公司認可，但也說明她的能力、忠誠度等是符合公司要求和期望的。沒有被認可，原因是多方面的，學歷只是一個。作為負責人，除了業務能力，還需要組織管理、人事處理、與總公司的協調溝通等多方面能力。

接下來，冬梅可以調整心態，一方面在繼續作好工作的情況下，選擇學力提升教育，完善自己的知識結構和儲備。另一方面，對負責人職位所需的能力進行學習和鍛鍊，並主動保持和總公司的溝通，讓總公司逐漸了解和接受自己。

以上案例是年輕世代目前職場現狀的縮影，年輕的工作者遇到職場瓶頸如何擺脫，關鍵在於職業的長期規劃和心態的平穩。職業選擇其實就是在綜合各種條件下的一種平衡決策，當職業發展面臨瓶頸時，很多人首先想到的就是透過跳槽的方式來給自己的職業發展作一個「決定」，這帶有很大的風險和盲目性，只有結合自身情況，正確認識工作世界，把握職業發展的本質，才會順利度過瓶頸期，進入新的更廣闊的職業空間。

當你覺得在工作中度日如年，你該問問自己以下六個問題，是不是還有足夠的理由留在目前這個職位，考慮要不要跳槽。

1. 是否還有剛開始工作時的「激情」嗎？

遞交辭職信之前，不妨再回想一下，當初為什麼會愛上這個工作？並且把造成目前不良狀況的最壞因素排除出去。

2. 自己的勞動是否被認可？

葦是某公司的業務諮詢員，她已想不起來上司什麼時候讚揚過她了。「噢，當然，我時常聽到他們埋怨我什麼事辦得不精確，或遲到了，或者有什麼合約沒辦妥。」葦沮喪的說，「可我就希望聽到積極的回饋，希望不只一次的聽到。可是沒有。我感到受挫，只想回家待著去」。

工作中的各種不順心累積在一起，會演變成憤怒，有可能導致某天你在上司或同事面前狂風暴雨般的大發作，這只能使自己處於更被動的境地。也許你對自己究竟在什麼地方有欠缺並不十分清楚。所謂旁觀者清。不妨約你的上司談談，向他解釋解釋你目前的感受，問問他，你如何做才能更好。你也許能從上司的言談中，弄明白你還能在這個工作中走多遠。

3．你覺得自己會有遠大的前程嗎？

也就是說，你覺得自己有可能被升職嗎？或者，前面是不是一條死胡同？你的職業有時候如同你結交的異性朋友一樣，你總想知道，有一天，你能否得到一聲意味深長的承諾，否則，你就該抽身退出了。

蘆燕曾是某廣告公司的職員，她說：「我在那個公司做了兩年普通職員，後來我又找了另外一家公司，他們答應給我更高的職位。出於以前公司的留戀，我再次詢問頂頭上司，我是否有升遷的可能。頭兒表示遺憾，說，恐怕還得等幾年。我徹底失望了，沒有再逗留。我想我做對了，我不該長期待在一個夢想無法實現的地方。」

4．你還想邊做邊學嗎？

面對一個無望的職業，你可能不再關心能從工作中學到什麼。而在一個令人傾心的工作中，人們尋找不斷的發展。當你停止學習時，你就會裹足不前。只有不斷的進取才能促使人對自己的需要進行新的評介。也許適當的時候，可要求進行某些行業培訓。新的知識和認知能給人帶來刺激，使你在遊戲中不至於落伍。

5．你感到工作給你帶來快樂嗎？

有些人因為性格內向，特別不願意在眾人面前講話，每當遇到那樣的場合，都覺得是在受刑；還有的人對所從事的工作感到力不從心，為無形的壓力所苦。

王瑩以前做過律師，現在是某公司市場部主管。她說：「做律師那陣子，每個星期天的下午我都會陷入茫然無助的情緒中。最終，我確認自己不再適合做律師，而重新接受培訓。我從不後悔自己所做的抉擇。」有時候，一些小小的調整，往往能改變刻板的工作節奏。

6．你覺得自己不再忠實於本職工作了嗎？

你怨恨目前的工作，對它毫不關心。你目光看著別處，給一些徵才廣告回信，到一些徵才諮詢處打聽消息，接受面試。所有這一切，說明你已開始背叛原先的工作。到了這一步，還有沒有挽回的餘地呢？

其實，即使你已經得到了新的工作，但在離開之前，你設法問問你的上司，他們是否願意付給你更高一些的報酬來挽留你，當然，態度必須是誠懇、低調的，切不可用張狂的口氣來要脅。你可以告訴他，有人希望你到他們那兒去工作，但你還拿不定主意，不知道該不該接受。畢竟自己對此地有些留戀，不知道公司是否還有別的更好的機會給你等等。你很可能會得到最誠懇和衷心的挽留。這是一次很好的機會。

不要為跳槽而跳槽

在二〇〇三年年底和二〇〇四年年底，徵才公司曾經做過兩次職場心願大調查，透過這兩次調查結果發現，相對二〇〇三年的調查而言，二〇〇四年調查的職場心願有了一些新的變化，最明顯的一項就是穩定：打算跳槽的少了，要在內部成長的多了。打算「找一家新的公司」的人從前一次調查的一六%下降到後一次調查的一〇%，打算「轉換一個新的職業」的也下降了四個百分點。可見，人們追求的職業發展方式從簡單一跳之後更重視現有職業的完善和轉變。

絕大多數在職場中給別人打工的年輕人，或多或少都有過跳槽的經歷，或者動過跳槽的心思。跳槽這種行為在職場中是司空見慣的，也是可以理解的。但是如果為跳槽而跳槽，也就是不加思考盲目的跳槽，便會引發巨大的職業瓶頸。

有些人跳槽時是認準了一個熱門行業，或者為了追求高薪，或者是看別人跳槽便也盲目跟著跳。他們不去仔細考慮華麗表面的背後，也不去想自己的興趣和專業背景，便在一個又一個公司之間穿梭來往，他們看起來不像是公司職員，倒像是觀光遊客。

這些人表面上看起來似乎很風光很瀟灑，事實上，在他們中間，除了少數人在跳來跳去中獲取高職位和高薪水外，大多數人得不償失。除非你在某個行業中早已被證明是拔尖的人才，否則，是不會有哪個老闆在你一進入公司時就給你高職位和高薪水的。況且，有些熱門行業就好像泡沫一樣，誰也不知道到底能夠熱門多久。而老闆要提拔一個人，總是要經過較長時間的考察，不是他不願意提拔，而是他不願意冒險提拔一個他不了解的人，一旦提拔錯了，對被提拔者來說是痛苦，對公司更意味著損失。

所以說，那些愛跳槽的人，往往在試用期未到就草率斷定自己沒有發展機會而離開，跳到新的公司，一切又從零開始，不斷的做著基層工作，重複接受不同老闆的考察。一時的頭腦發熱，就很有可能對未來的職場規劃產生嚴重影響，最終導致失敗，得不償失，走到瓶頸之中。

阿吉就是一個最明顯的例子。最初阿吉在一家新開張的超市裡當上了經理。這家超市店面很小，但阿吉還是覺得這個經理真不好當。原來，身為經理的他，卻像是一名全能雜工。超市裡裡外外好多事情他都要親自去打理。作為這家店的「一分子」，制定行銷計畫、填寫月度業績表和寫好季度末的述職報告，都是他的分內之事；而搬卸貨物擺放商品、受理發送電話購物的訂單以及清潔環境、打掃衛生等本不需要經理動手的工作他照樣得做。碰上有店員頭疼腦熱請假的，他還得代班，經常顧不上休息，或者說不能休息。

他曾在朋友面前自我解嘲：「有人以為我當經理的應該待遇不錯，可我月薪只有一千五百元！」聽了的人都覺得是少了一點。剛開始阿吉並沒有把待遇當一回事，但時間一長他也覺得自己頗受委屈。趁著到總公司開會的機會，阿吉找到了他的老闆，委婉的向他表達了自己希望加薪的要求。老闆聽明白後，開通的說：「請你放心！我理解你的處境，也知道你對公司的付出，我一定會慎重考慮的。」

可兩個月過去了，阿吉還是沒有等到半點回音。他內心開始有點失衡了。聽完他的抱怨後，有位朋友鼓動他說：「你可以炒了老闆另謀高就啊！你這麼能幹，還怕找不到更好的工作？」阿吉認為很有道理，第二天便把辭職報告送到了老闆手上。

老闆接過阿吉的辭職報告看了一遍，既不提上次「慎重考慮」的結果，也沒有流露出失望的表情，而是很平淡的對阿吉說：「人往高處走，水往低處流。我對你的辭職表示理解，也一定會慎重考慮，不會為難你。」

於是，阿吉辭職了。不久，他幾經努力，總算又找到了一份工作，工資還是一千五百元每月，這回不是經理，只不過是個小主管。對阿吉來講這樣的工作當然不會讓他滿意了，於是工作不到三個月，他再次辭職，又一次淪落到失業的群體之中。結果，這回找工作找了半年多，還是沒有找到合適的，最後為了生計，他不得不在一家大企業從一個普通業務員做起。

因此，在工作不如意的時候，不要輕生去意，不要一切期待環境的改變，而要追根究底，找出自己真正面臨的問題或原因，然後再決定去留。一般來說，通常不是工作的錯而是自己的心態和觀念有誤差，當以全新的角度看問題時，或許離職的想法會就此打消。如果不能調適自己的工作態度與心情，建立正確的敬業精神，下一個工作必定又是夢魘的開始。

對於上班族來說，跳槽並不是目的，而是我們接近個人職業目標的方法之一。所以當你跳槽的時候，首先必須了解，自己想要的究竟是什麼，應該怎麼去追求自己想得到的，每一步應該怎麼走，這一次跳槽是否是一個很好的跳板，跳向你幸福的未來？沒有明確的目的就胡亂的跳來跳去，只會讓你在今後的職業生涯中發生停滯，最終淪落到瓶頸的陷阱之中。

做好定位再跳槽

跳槽，幾乎是每一個職場人都會遇到的職場經歷，合理的職業流動能讓企業在不同發展階段下更好的引入合適的人才。然而社會的浮躁，讓更多職場人變得急功近利，越來越多的人期望透過頻繁跳槽來獲取更多的利益，企圖在最短的時間內實現人生的累積，這樣往往容易陷入跳槽的怪圈。

衛時祥是二〇〇七年工商管理學系的畢業生，因喜歡人力資源管理工作，畢業時為了找到專業對口的工作，他進入了某製造企業開始了他的HR從業歷程。由於公司管理混亂，人力資源部門的工作許多方面都做得不夠專業，他希望自己能夠在HR各個模組全面發展，於是二〇〇八年初他把老闆炒了，跳到一家國際貨運企業做了徵才專員。

跳槽之後沒多久，他發現該企業承諾的薪酬始終無法兌現，於是半年後他再一次跳槽到了另一家公司擔任培訓專員。但是由於受到金融風暴影響，衛時祥所在的公司在發展過程中遇到了諸多壓力，就在二〇〇八年春節前，該公司宣布破產，公司八十餘名員工一夜之間丟了工作，自認倒楣的衛時祥無奈之下只得加入了金融風暴下求職的大潮，但這次的跳槽卻沒有以前那麼幸運。三個月來找工作的經歷使他覺得身心俱疲。「沒想到一次不合適的跳槽會引發日後這麼多次跳槽。」衛時祥特別擔心頻繁跳槽對自己職業生涯發展的影響將越來越大，甚至更加害怕自己陷入一場惡性循環。

有些求職者只看跳槽後的職位高低，卻不去考察新公司的環境和文化，結果與新公司的企業文化很難融合；有些求職者跳槽時只認準了一個熱門行業，卻忽視了自己的人格、興趣和專業背景，結果導致求職失敗；也有一些求職者一味追求高薪，卻忽視了自己的工作能力與職業規劃，放棄了眼前的工作選擇跳槽到陌生的領域，結果是「賠了夫人又折兵」。

其實頻繁跳槽本身對用人單位就像是顆「定時炸彈」，企業往往會對其穩定性產生疑問。所以頻繁跳槽者在跳槽過程中無形中又增加了求職的難度。因此，當跳槽成了一種慣性，跳槽也變成了職業生涯發展中的一個致命殺手。

職場人士在隨性的跳槽過程中，一是不了解個人的職業興趣與競爭優勢，不知道自己的職業定位在何處；二是因為沒有定位，在工作一段時間後，很容易對現有職業產生厭煩心理。在這樣的心理狀態下，多數人只想草草換一份工作，以解決目前的困擾。在目前的職場跳槽者中，至少有六成以上屬於盲目跳槽，即在沒有做好職業規劃的情況下就匆忙跳槽。

對於那些未規劃好，或是自認為「運氣」不佳的跳槽者來說，客觀上導致的結果，必然是每次職場能量的積蓄在起跳之後便快速跌落歸零。沒有明確目的就胡亂的跳來跳去只會讓你在今後的職業生涯中增加更多阻礙。

頻繁跳槽的人除了職業成就感不強，還會伴隨強烈的瓶頸感，接下來又被這種瓶頸感所影響，導致自己對跳槽後的新職位沒有信心，爾後又進行新的跳槽，彷彿得了強迫症一般，莫名其妙的陷入了惡性循環。事實上，跳槽並不是我們的目的，只是我們接近個人職業目標的方法之一。

如果能在跳槽前做好職業定位，充分考慮自己的內在職業取向和獨特的商業價值，了解新公司的企業實力、環境和文化背景，對自己即將從事的職位進行充分調查和全面了解，做到心中有數，充分做好準備再去應徵，這樣獲得的新工作就自然會變得穩定許多。總之，跳槽之前務必多作準備，讓我們跳得更理性一些。做好定位再跳槽，這是我們所有跳槽者及準備跳槽的人都需要特別注意的。

半年之內千萬不要跳槽

沒有人能保證在從業之初就找到一份十分滿意的工作，所以跳槽就成了一種流行。若你的工作實在不順心，那麼也不妨考慮跳槽。但在跳槽前一定要記得：半年之內千萬不要跳。

在當今社會，跳槽成為實現職業規劃的重要途徑，當你準備充分的時候，你的職業生涯很可能打開新的天地。反之，若你準備不足，跳槽就可能只會給你帶來更多的失望和不滿，嚴重了還會讓你對自己失去信心。

隨便跳槽很難讓你實現華麗轉身，倒很可能使你從一個泥坑跳入一個沼澤，讓自己的處境越變越糟糕。若你打算跳槽，一定要經過深思熟慮，確保下一份工作更加符合你的職業規劃。千萬不要只圖一時快意盲目出擊，這種草率往往只會帶來後悔。

常言道：「家家有本難念的經。」在生活中如此，在工作中也是。每個公司都有它的優點也有它的不足，絕對優秀的公司是不存在的。如果你抱怨這個公司待遇不高，跳過去你可能發現：下一個公司待遇更低。

有個年輕女孩一直不滿意自己主管的作風，覺得只要讓主管離開，哪怕讓她天天加班都願意。主管當然不會走，於是她天天抱怨，最後乾脆自己走掉。等她到了第二家公司，發現這裡的主管更昏庸，整個單位效率也極低，待遇反而不如第一個。她很後悔，但已經沒有退路。還有個男孩能力比較高，一直覺得薪資待遇不公平，便想跳到更好的地方。他聽熟人說另一家公司待遇不錯，當即辭了職投奔那家公司，結果第二家公司的薪水還沒有第一家的一半，原來在他的熟人眼中，第二個公司提供的已經是好的待遇了，熟人並不知道他剛開始到底賺多少……

跳槽一定要有自己的主意，不要過分相信別人提供的意見。你想跳到什麼樣的公司，這個公司比你現在所處公司的優勢在哪裡，它是否具備適合你職業規劃的潛力……這些因素你都要有所考慮。

頻繁跳槽絕對是職場的一大忌諱，要知道，你所介意的薪水、工作環境、同事之間的微妙氛圍等等因素，在其他公司都很可能存在。為什麼要在職場混？因為要出人頭地。如果你想要輕鬆，那你在任何地方也無法立足，沒有哪個企業願意發著薪水養著閒人。

跳槽一定要有自己的原則。張東從一家銷售額為一百億的公司，跳到銷售額為幾個億的公司，又跳到銷售額為幾千萬的公司，在這過程中，他尋找的公司規模越來越小，管理越來越不規範，學到的東西也越來越少。他應付起工作倒是越來越輕鬆，但一閒下來，沒有壓力的他就去玩線上遊戲打發時間，結果過了幾年，他錯過了最佳的累積實力的時間，也沒有了最初的雄心壯志，就在碌碌無為中打發著空虛無聊的生活。所以，跳槽不能為貪圖享受而跳槽。

有的人跳槽之後，從科級主管直接晉升為人力資源總監，按說這是好事，職位高了薪資漲了，但他卻覺得滿意度比以前低了。原來在新公司，幾乎每個角落都裝了監視鏡頭，他簡直不能允許自己走神；而就算他只離開一會兒，老闆的電話也會馬上追來，生怕他領著工資做著私事。這使他在工作中逐漸失去了熱情，對工作極為懈怠，也就不可能取得比從前更高的成就。

其實，如果你能以正確的態度面對自己的工作，那麼不管在什麼地方，你都能找到機會發揮所長。那些成功的人絕不是憑藉跳槽攀上頂峰的。在工作中，過於急躁很可能讓你失去機會，所以你一定要靜下心來，戒驕戒躁。很多人往往太急於求成，在機會就要來臨的前一刻，匆匆跑到了另一個公司，結果功虧一簣，又得在新的環境裡從頭開始。請記住，就算跳槽，也要等你有了資歷的時候，那時你才能更好的實現自己的職業夢想。

很多時候，你要學會「積極的等待」，在一個公司裡腳踏實地的做下去，要知道：那些成功的專業經理人，都是經過很多的積澱才走到高處的。如果你真的想要跳槽，一定要弄清楚在當前的公司，有沒有認真發揮自己的才華，是不是該學的都學到了，你有沒有養成良好的工作習慣，是不是具備好的工作態度。其實當你真正做到這些的時候，你是不會想要跳槽的。而你若執意跳槽，也千萬不要在半年之內慌張的跳。做好準備再走，你的前途才有可能更加輝煌。

你如果連跳幾次都得不到老闆的賞識，那就不是公司的錯，而是你自己的問題了。這時候你更要靜下心來，從眼前的工作入手，做好分內之事。要知道，沒有老闆會隨便重用一個人，除非這個人在工作中真的表現不俗。

跳槽也要做好準備，那些經受不住委屈和誘惑而跳槽的，根本就沒有養成良好的職業心態，在下一個公司也一樣無法適應。社會不是象牙塔，它充斥著種種的不如意，你只有意識到這一點，才能杜絕跳槽心態，把每一份工作都做得盡善盡美。那種在短時間內就獲得巨大成就的人是極少的，要讓公司獲得大的發展，就要堅持下去，堅持到底就是勝利。

一位事業成功的人士講過他的故事：「我辦公室抽屜裡現在還鎖著五份辭職信，都是過去寫了沒交的。好幾次，我與老闆為一些事情鬧得不愉快，經常受委屈，都以為非走不可。但轉念一想，選擇現在離開，並非是最好的時機，因為對公司而言，損失並沒有多大，一走了之，只能證明自己的失敗。所以，不如暫且壓壓火氣，承受點委屈，拚命去為自己拉一些客戶，成為獨當一面的人物，等到時機成熟再提出辭職，讓老闆為失去一位精英而追悔莫及。但我寫了五份辭職信，最終都沒有交成，始終緊鎖在我辦公室的抽屜裡。因為一年多以後，憑著自己的努力，我果真發展了不少忠實的新客戶，也因此獲得了老闆的信任，如今已是公司行銷總經理。」

經常跳槽會讓你的心變得浮躁，而在人情味濃厚的社會文化中，很少有老闆願意將自己辛苦打下的江山隨便託付給剛進公司不久的員工。如果你從來沒有經受考驗就大權在握，這是不合情理的。

在職場，有的人希望在較長時間裡在一個公司提升自己，之後再準備跳槽；另一些人則希望透過不斷跳槽提升自我價值。其實實現職場夢想的方法很多，跳槽並不是唯一的途徑。如果你沒有做好準備，那還是做好手邊之事，等有了足夠的實力再跳不遲。跳槽可能帶來好處也可能帶來壞處，但不管怎麼說，半年之內跳槽是萬萬要不得的。

亞洲著名的人本管理專家黃超吾先生說，不要輕易跟你的工作離婚。沒見過幾個多次離婚結婚的人家庭幸福。因為你一跳槽，很多東西就得從頭再來，可是人生會給我們多少從頭再來的機會呢？

三思而後「跳」

職場女性在跳槽行動前要有明確的職業生涯設計，該不該跳槽？跳槽後做什麼工作？要考慮的最主要問題是職業定位——自己適合做什麼工作？你要對自己目前的水準、能力、薪資期望、心理承受力等進行全面分析。

美慧在大學裡學的是工商管理，剛畢業的時候，只想著先找個工作，把戶口遷到大城市再說，將來再跳槽就是了。於是她趕快簽了一份就業合約，到一家房地產公司做了行政人員。雖然她很快就進入了工作角色，做得相當順手，主任也非常欣賞她，但因為這份工作只是權宜之計，做一個小小的行政人員，也不是美慧所能接受的，她覺得這是高中生做的工作，於是半年以後，她跳槽去了一家網路公司做管理員。

在這家公司做的時間不長，美慧又跳槽到了一家廣告公司。之所以離開，因為去那邊每個月她可以多賺五百塊錢，儘管在網路公司工作她也挺喜歡的。廣告公司效益、企業文化還都不錯，美慧覺得憑自己的文筆和實力，做個企劃文案、寫點創意總不成問題的。誰料做了半年，不僅三天兩頭要加班，還要時時受主管的批評。

美慧覺得實際上他自己也沒有多少能耐。一開始她還據理力爭，後來被他罵得更凶，好像處處刁難她。惹不起還躲不起嗎？於是她不得不再次跳槽。這次她「跳」進了一家名聲很大的「國際公司」，進去時考核非常嚴格，不料他們卻是道道地地的騙子，利用徵才來為自己做廣告，新招的員工白白為其工作一個月，就被找個藉口全部解聘了。

前不久，美慧順路去了第一個工作的公司。那裡的變化真是很大，她走後接替她的那個行政人員小妹，現在已經成為辦公室主任。坐在寬敞明亮的辦公室裡，可以全天候上網。假如當初她不離開的話，這個位置應該是自己的啊！想想自己這三年來跳來跳去的經歷，真的是越換越差。

職業選擇是為了尋找一個最適合自己的職位，從而發揮自我價值，有所作為。確定自我努力的方向、領域、待遇要求。同時要有清醒的頭腦，知道自己的斤兩，對自己力不勝任、引不起興趣的職位，即使待遇再誘人也別去。如果自己沒有一個明確定位，能做什麼、不能做什麼都搞不清楚，長此下去，結果在哪裡也扎不下根，只能毀掉自己的前程。提醒職場女性跳槽之前一定要經過深思熟慮。如果沒什麼職業資本，只是盲目跳槽，肯定也不可取了。

跳槽之前必須先問自己幾個問題：想換工作的念頭每天都來嗎？你喜愛自己正在從事的工作

嗎？如果跳槽，你將付出什麼樣的時間承諾？你要進入哪一個行業？它是你所熟悉的嗎？你希望從事什麼樣的工作職務？這項工作職務需要何種技能和專業知識？這些能力和知識你具備嗎？這些問題你如果不是很清楚，就需要多花一些時間來思考了，千萬不要像美慧那樣，一頭跌進了跳槽的誤區。

職場硝煙瀰漫。有的職場女性如戰場前線上的通訊兵東奔西闖，遞出去厚厚的一疊簡歷終於換來了薄薄的錄用通知，正品味著苦盡甘來的喜悅，而有的人卻似後方運籌帷幄的將軍堅守自己的崗位，任憑徵才會場人頭攢動，卻依舊穩坐釣魚台，心中盤算著如何在年底穩操勝券。跳槽跳得好，可以讓你步步高升，但若隨便亂跳，卻可能越跳越糟。

高小姐大學畢業後進了一家企業，這家企業規模很大；歷史悠久，在全球也很有名，福利、待遇、薪水都不錯，缺點是分工太細，流動性差，紀律太多。千篇一律的制服和單調的工作也無法滿足她在讀書的時候就擁有的夢想，一直嚮往做一個有優越感的、工作獨立的外商員工。所以工作幾年來就一直在為「跳槽」努力，後來終於如願以償了。

但是從踏進外商的第一天起，上司的刁難、同事的冷漠、工作的壓力都讓她心灰意冷，幾次委屈得落淚。加上工作路途遠，無法正常下班，總也不能適應環境，心情鬱悶，感覺一下子老了很多。每次想到原來的公司和同事，眼眶禁不住發紅，上班成了道道地地的煎熬。

工作代表的不僅僅是薪酬，而且包括了穩定感、生活品質、人際關係、尊嚴和社會地位、自我發展等內容。跳槽有風險，離職有成本，包括：在原公司有獎金損失，在新公司要重新投入精力、財力建立人際關係、贏取信任等。不為高薪所惑，能清晰而準確的測算「跳槽成本」，是一種職場成熟的表現。如果你要跳槽，你一定要問一下自己：「為什麼要跳槽？」

1．薪資不理想

窮則思變，這也許是跳槽者使用最多的一個理由。「老闆不加薪，自己加」的想法，已經深深植入那些實力派上班族的頭腦。如果新工作的薪水比現在的公司高，又具挑戰性，或者有發展晉升空間等等，那何樂而不為呢？

2．環境不如意

沒有良好的企業文化、工作環境，比如不合理的超時工作，不合理的薪資待遇，不合理的休假制度等。相信這個公司也好不到哪裡去。現在越來越多的公司非常注意企業文化氛圍的創建，注重人力資源管理。作為這種企業的員工，定能在其中得到許多培訓機會，發展空間較大。

3．發展空間小

在公司備受壓抑，無法發揮你的優勢，不被重視，發展、晉升空間小，這些對於想做一番事業的女性來說，實在太令人失望了。他們更傾向於找一個可以施展才華，至少有晉升可能的公司。也許並不在乎它是不是大型企業或外商，只要它能給予你足夠的發揮餘地和發展空間，使你得到事業成功的滿足感。

4．人際關係差

沒有同事願意搭理你，工作上沒有協助性，總有人打小報告，感覺到處都有眼睛監視著你。同事之間感情冷漠，這些也可能造成你決定離開這個團隊。

5．個人因素

越來越多的人選擇了晚婚晚育，希望延長自己的事業線。事業家庭兩不誤，似乎很難。如果你選擇把重心放在家庭上，那你怎麼兼顧繁忙且沒有規律的工作，你還能繼續勝任上班族的工作嗎？也許你以前做得挺出色的，而到時就會力不從心。

6．工作壓力大

假如你的工作負荷和壓力長期得不到解脫，影響了你的身體和精神以及你的家庭，那麼，你應該在健康瓶頸和婚姻瓶頸到來前，趕緊換份工作。

成功跳槽四步曲

鐵打的營盤流水的兵，跳槽是一種常見的職場現象。對求職者而言，跳槽是為了尋找更好的發展平台，但事實上，並不是所有人都可以透過跳槽順利抵達夢想的彼岸。

小夏是應屆畢業生，畢業後在一家服裝公司做銷售人員。他曾聽人說，對剛畢業的大學生來說，第一份工作往往都只是一個跳板，不可能做長久的。他覺得很有道理，剛畢業不應該「把自己定位太死」，應該多嘗試。上班沒多久，他就覺得銷售人員難做，所以趕緊跳槽找了一份網咖管理員的工作，但沒多久，他又覺得在網咖上班說出去不好聽，所以又換了……半年內他換了四份工作，現在又失業了。

他很想盡快找到那份可以讓自己做一輩子的工作，但讓他鬱悶的是，他找到的似乎都只是很不穩定的跳板。更讓他鬱悶的是，現在連不穩定的跳板也不那麼好找了。

曾有一個故事：一個人想要在一段不能回頭的旅途中摘取最大最美的果實，一路上，他扔了很多果實，因為他總覺得最好的在後面，結果他發現後面的果實越來越小——小夏遭遇的情況也是如此。剛畢業的大學生，常常誤以為最好的機會都還在後面，卻忘了珍惜眼前的。其實，一份工作的好與壞，都是相對的，也不是一成不變的。隨著個人工作能力的提高，新的機運自然也會隨之而來。對職場新人而言，「一跳了之」是治標不治本，除了讓人心變得浮躁，一點益處也沒有。腳踏實地做好手頭的工作，才是正道。

YOYO 在外商打拚數年，已修煉成人人羨慕的「白骨精」（白領上班族、骨幹和精英）。可去年，二十九歲的她因為一個進國有企業工作的機會而陷入兩難：外商薪水雖高，但不穩定，稍不留神就可能失業；國有企業雖然穩定，但薪水低不說，自己從前的努力都將歸零。在家人看來，穩定比高薪更重要，而且，新公司寬鬆的工作環境可以讓她有時間考慮個人終身大事，兼顧家庭。最後，她抱著美好的憧憬跳槽了。可是很快她就發現，慢節奏的上班生活並不適合自己，況且作為公司「新人」，整天被一群比她年紀還小的「資深」同事呼來喚去，真是既後悔又焦慮。

很多職場女性都缺乏職業安全感，潛意識裡一直在尋求「穩定」。其實，每個年齡階段都有自己特殊的需要。一般來說，初入社會的人背負的包袱少而衝力十足，完全可以有更多的嘗試，可以在打拚中發現自己的長處並實現自己的價值。但是成了家之後，可能更多的考慮穩定。穩定的工作帶來穩定的生活和穩定的心態，甚至影響到整個家庭的穩定。在這裡，穩定本身就成為一種有價值的收穫。所以，到底是要高薪還是穩定，你需要考慮你當下的心態和家庭的需求，順其自然。

張磊原本是一家大公司的總經理助理，平時工作認真嚴謹，深得上司賞識。後來，在一位朋友的引薦下，他認識了一個家族企業的老闆。對方很誠懇的邀請他過去擔任公司總經理，並許以高薪。這對一直想獨立做一番事業的他來說是一個很大的誘惑，他的觀念是，「寧做雞頭，不當鳳尾」。他不顧原公司主管的真誠挽留，毅然跳槽了。只是沒多久，他就嘗到了後悔的滋味：雖然頂著「總經理」的頭銜，但他並沒有什麼實權。因為家族企業的股東們對他這個「外人」戒心很重，處處限制他。當初許諾的高薪也因「業績不佳」而泡湯……

很多能力出眾的職場人，都希望透過跳槽找到更廣闊的發展平台，但往往事與願違。其原因在於，他們的跳槽有一定的盲目性和衝動性，當機會擺在面前，忘了去判斷其真實性和可行性。「雞頭」還是「鳳尾」，只是一種個人感覺，無所謂好壞，只有適合自己的，才是最好的。一個人的成就感和滿足感，源自其對工作的掌控能力，而這種掌控力與個人職位和工作環境並沒有直接的因果關係。所以面對高薪高職的誘惑，職場精英們也要時時保持冷靜的頭腦，三思而後行。

1．弄清楚自己跳槽的理由

跳槽的藉口可以有很多：薪水低、工作環境不如意、同事關係複雜、前途暗淡……但是，跳槽並不是解決所有問題的萬能鑰匙，所以你必須明白，有些問題是不能透過跳槽來解決的。比如工作中遇到麻煩想逃避，或者個人能力不能勝任現在的工作。這種情況下，你應該考慮的不是跳不跳槽，而是如何充電以提高自身能力。

2．了解你的「新東家」

這是很必要的。霧裡看花花最美，所以你必須有一雙慧眼，看清新東家的真實面貌，包括公司發展潛力、職位前景、工作環境、薪水福利等等。在計算清楚「跳槽成本」之前，請不要輕舉妄動，否則傻里傻氣的跳過去，一切又得從頭開始，還不如從前，豈不冤枉？

3．把握好最佳的跳槽時機

「騎驢找馬」是很多人的經驗之談，但是這個經驗不一定對所有人都適用。如果你擁有出色的業績、良好的信譽和扎實的人際關係，基本上你可以自己掌控跳槽主動權。但是，如果你所有資質都一般，不妨找好退路後再伺機而動，否則很可能長期處於失業狀態。

4．做好交接工作

找到新東家了，不要以為以前的工作就與自己無關了。凡事要善始善終，離開之前，應該盡量配合接你班的人做好交接工作，這是一個人最基本的職業素養。

三種途徑讓你越「跳」越高

找工作準備簡歷似乎是理所當然的事，簡歷寫作指導類的文章也到處都是。但之於簡歷本身，其對畢業生的作用要遠遠大於已經有過一定的工作經驗的職場中人。面對就業市場的萎縮，簡歷幾乎是無效的求職手段。那麼不用簡歷，又有哪些更好的途徑能讓我們照樣越跳越高，做一回職場強人呢？

1．讓人脈資源為跳槽做足鋪墊

適合對象：是那些在業內從事某類職位時間較長的，有一定影響力的職場人士。

注意事項：多接觸，保持聯繫，善於對人脈資源進行有效的整合。

張小姐最近的心情不錯，下個月她就要去另一家網站擔任副總編輯一職了。同事們也都認為這樣的好機會應該屬於她，因為她有一張人人羨慕的人脈資源圖。但凡同事們在工作上有困難，張小姐總能憑那張人脈資源圖搞定。也難怪，張小姐已做了五年的網路編輯了，長期負責教育類資訊編輯工作，其敏銳的工作直覺和嫻熟的編輯業務以及有口皆碑的敬業精神在業內有一定的影響。

張小姐是一位有心人，在平時的工作中，她相當注意經營自己的人脈資源，對人脈資源進行有效的整合。五年來，她與各大網站和行業網站的編輯的接觸很多，與業界的交往也達到了一定的深度，在平時，電話、電子郵件、簡訊、社群互動媒體等一個都不落，與一些網站和教育機構的同行們還時不時的一起逛街約吃飯看電影什麼的。一句話，是一位有心人。於是機會來了，前一陣子競爭對手的網站副總編輯一職出現了空缺。在該網站工作的編輯在第一時間將這一消息告訴了她，在徵得她的同意後，就把她推薦給了公司的人力資源部門。對方公司人力資源部和部門經理在了解相關情況後，認為此人在業界的影響力和工作能力等方面適合網站的發展，幾次會談後，對方網站與張小姐最終確定聘請她擔任網站副總編輯一職。

一項調查結果顯示，有九五%的人力資源主管或是求職者透過人脈關係找到適合的人才或是工作。張小姐的成功跳槽，就印證了這一點。她有機會去競爭對手的網站任職副總編輯，除了她本人的能力外，還在於她善於對人脈資源進行有效的整合。

職業專家指出，編製一張自己的人脈資源圖的關鍵是需要根據各個朋友的情況，制定出不同等級的聯繫頻率，因為我們不可能和每個人都保持很密切的聯繫。同時，建立人脈是持續的過程，不僅僅是四處搜集名片，也許這些人無法立即介紹工作機會給你，但是保持聯絡就有機會，後續的聯繫目的主要是讓雙方了解對方的最新狀況，並取得最新的資訊，建立長久的互惠關係，以便在需要的時候用得上。

2．讓派對增值為求職服務

適合對象：為性格相對外向，同齡朋友比較多的職場人士。

注意事項：表現自信、肯定、積極但不過分。

在IT產業從事銷售管理的張先生性格外向，是一位天生的樂天派，他人到哪兒就把歡樂帶到哪兒。不過最近張先生的發展可不太順利，其所在公司業務調整，張先生在職業生涯發展出現了一些暫時的停頓，他在家一邊調整，一邊尋找新的工作機會。

前一陣子，一個過去的同事舉辦了七夕派對，邀請張先生參加，張先生是一個愛熱鬧的人，就去了。當天的派對舉辦得很成功，現場氣氛也一直不錯，難得的是竟然有不少的人來自IT產業。主辦者讓大家先做自我介紹，由於當天的主題是關於七夕的。張先生在派對上大方向大家介紹自己，並與大家分享了自己對於IT對於銷售和銷售管理的見解，張先生侃侃而談，他的風趣給大家帶去了陣陣歡笑。

自我介紹之後是互動遊戲時間，主辦者將參加派對的人分成了幾個小組，張先生的管理特長也得到了極致的發揮，小組成員的積極性被充分帶動起來，他所在的小組也拿到了當晚的最高分。

在之後的自由活動時間裡，大家互換名片，因為張先生的表現，很多人都主動來與他交換名片，其中有一位先生是一家公司總經理，閒聊之中，這位總經理得知張先生從事銷售和銷售管理工作已有多年的經歷，但是不巧趕上了公司的業務轉型，正在找工作，於是向他伸出了橄欖枝，原來這位總經理的公司正缺一位銷售管理高手呢。於是，一週之後，張先生交接完手頭的工作，跳槽進入新的公司任職銷售總監。

職業專家提醒：派對就是派對，不是參加派對不是為了跳槽，而是為了認識更多的朋友，但在派對後的機會不容忽視。所以在派對上聊到自己的工作時，盡量多給對方一些正面的資訊，多聊一些你對於本行業的發展的認識，你的職業生涯的規劃等等，這些都會對你有所幫助。切記，不要在派對上批評你的老闆，不要抱怨好的工作機會難得等，你想一想，哪一個老闆會喜歡一個對公司要求太多、對自己又沒有信心的員工呢。

3．不要隨意向獵頭公司說「不」

適合對象：具有卓越的工作能力和豐富的工作經驗的人。

注意事項：溝通要有耐心，以職業生涯的規劃為主來決定是否接受新的機會。

能讓獵頭盯上的都是不愁找不到工作的人，有調查表明，四八%的人會非常歡迎獵頭的到訪。這一點對於剛從海外學成歸來的張先生來說，更是如此。張先生回國後想盡快的落實自己的工作，由於張先生在出國前就在某大公司做到了中層的職位，其良好的建築工作背景和新穎的管理方式在建築界有一定的影響。所以張先生一回國，獵頭公司的職業顧問王斌就注意到了他，最重要的是，她的一個老客戶正好有一個國際知名企業的工程部高階經理的職位空缺。

雖然張先生是個急性子的人，想向王斌了解關於工程部高階經理的更多的資訊。但獵頭不可能在頭兩次跟他接觸的時候就會把所有職位資訊都給他。但由於行業的規矩，王斌在跟張先生溝通時「隱瞞」了徵才企業名稱，告訴了張先生這一職位和這家企業的大概的資訊。

但張先生不能理解，接觸了兩次後，他因為對方的語焉不詳，認為對方沒有誠意，就放棄了這次機會，透過網路找到了另一家大公司的工程部經理的職位。後來張先生了解到雖然同是大公司的工程部經理，現公司的崗位職責、發展空間、環境待遇等與王斌小姐介紹的公司還是差了不少的，他為失去了一次機會而頗感後悔，直到現在他與筆者談起此事時，仍然有些悔意，後悔自己當初與王小姐溝通時應該再多一些技巧、再多一些耐心。

獵頭顧問徐荷香女士，曾有過一次獵物不肯上鉤的經歷。那一次她為一家公司物色一名人力資源總監，她與自己相中的獵物溝通時，該獵物認為自己在該行業潛入得還不是很深，做得還不夠專業，目前還不太合適這個職位，而且現在跳槽的話發展的潛力也不大。過了幾年後，徐女士自己也承認確實如此，畢竟獵頭公司的顧問與人才的角度不可能完全一樣。

職業專家提示：求職者與獵頭接觸時要注意與其溝通的技巧，要了解你的新職位是向誰負責、你的工作目標、任務範圍和環境待遇等，特別要注意的是要明確告訴對方你的優勢和劣勢，你的職業定位和發展期望等資訊，再看對方提供的職位是否和你的職業追求相符合，以自己的職業生涯的規劃為主來決定是否接受新職位。

其實獵頭在找獵物時，他手上不一定就有現成的職位，有的時候只是做人才儲備罷了，所以第一次就能成功的機率很小。因此，作為人才，要注意與獵頭保持經常的良好的聯繫，讓獵頭充分了解你，這樣在有新的職位時，他就很有可能在第一時間想到你。

第五章　給自己加個好薪情

對於正式跨入而立之年的「年輕世代」，事業進入新階段最明顯的標誌莫過於升職加薪。究竟要成為怎樣的員工才能讓老闆會主動找你談升職？面對升職機會，如何巧妙的爭取？隨著自身實力、素質的不斷提高，再加上「高薪祕笈」的活學活用，相信你的「薪情」一定會越來越好。

你的身價值多少

在僧多粥少的就業市場，你的身價值多少？舉個例子，當你要去超市買牙刷，看到在貨架上有琳琅滿目的牙刷供你選擇。經過精挑細選，最後你看中了幾款牙刷，它們在外形、性能和價格上都差不多，這讓你為不知道該挑哪一款而左右為難。但此時，你突然發現其中有一款附帶贈送一小盒牙膏，這時，你肯定會一下子就能做出選擇。

在這個時候，你是否意識到：假如用人單位是一個買牙刷的人，你就只是貨架上的一把牙刷，那你將憑什麼讓對方毫不猶豫的買走？如果你和同事們的能力都差不多時，你是不是應該多擁有一些能力呢？而這些能力，又是老闆和上司都非常看重的，這樣，你不就身價提高了嗎？你不就更容易獲得高薪和更重要的位置了嗎？

據統計，職場人士跳槽六〇％是出於對原有工作的薪水的不滿。薪水的確是衡量一份工作的重要指標之一，特別是在生存壓力很大的大城市裡，高薪更是上班族們孜孜不倦的追求。那麼，在這個競爭激烈的職場中，怎樣才能獲得高薪？高薪青睞什麼人？自己如何成為高薪人才呢？

還在上大學時，年紀輕輕的張穎就跟著姐姐在一家美商的美容公司做銷售人員。由於她天資聰穎、頭腦靈活，再加上相當勤奮，她很快表現出了過人的銷售才能，做出的業績比老員工還要好。她的部門主管評價道，如果她願意在銷售這條路上努力做，一定是前途無量。但她不是這麼想的。她認為，美容銷售人員不是一份非常正式的職業，也不是很穩定，適合那些有錢有閒的女人做，她感覺自己最好還是先找一家大公司鍛鍊鍛鍊，累積累積工作經驗。

畢業後，她來到了大城市。她沒想到，自己在求職路上會屢次受挫，因為城市裡真的是人才濟濟。幾天下來，張穎感到迷茫。這時，有家公司的報關員請了產假，需要找個人來代班一段時間，抱著學習的態度，張穎進了這家公司，從頭做起。雖然薪水很低，但她抱著學習的心態去面對，很快，聰明的她便學會了報關員的各項業務。正當她對報關業務已經輕車熟路時，請產假的員工回來了，她只好讓位。

由於她對報關員已經有了經驗，一家貿易公司把她聘為了報關員。由於工作的技術要求較低，她的薪水跟上一份差不多。兩年過去了，她的薪水也沒有什麼長進，再加上公司經營每況愈下，被行業內的競爭對手紛紛趕上，她更加看不到加薪的希望。她想到跳槽，但是到人才市場轉了一圈，形勢很不樂觀。沒有顯眼的工作經驗，沒有突出的「硬體」，這樣的「身價」使她很難找到收入可觀的工作，她感到生活壓力越來越大，卻不知道高薪之路該如何走。

和張穎有相似遭遇的年輕人，在職場中也有不少。他們很想提高自己的薪水報酬，但卻一直都沒有這樣的機會，而且也看不到未來有這樣的可能。他們很迷惘，但找不到出路。其實，分析這一類員工的職場歷程，我們會發現，造成她難以獲得較高薪酬的最大障礙是——她缺乏核心競爭力，她的工作可替代性很強，人才市場上像她這樣的人比比皆是。沒有突出的能力、特長，沒有突出的教育背景和專業，也沒有突出的工作經驗，是職場「打雜」一族，當然拿不到好薪水。

其實，張穎在某個領域內是可以成為職場高手的，就像我們前面提到的，她可以成為美容銷售高手。可惜她主動放棄了自身優勢，把自己變成了一個面目模糊的平常人。正如當初那位美容銷售公司的部門主管說的，張穎的親和力非常強，思維條理清楚，效率高，對人或事有著極高的敏感度，而且會傾注自己的感情，是個非常適合做市場和銷售工作的人才。而她過去在美容行業的銷售工作的成功經歷也證明了這一點。可惜，她卻在幾乎「與世隔絕」的、偏重技術型的報關員職位上做了三年，把自己的優勢浪費了，把自己發展潛力的時間給耽誤了。

想獲得高薪水，就必須提高你的身價；想要擁有一個美好的職場未來，你就必須學會策劃你的專長。在社會分工越來越細的今天，職場中的人彷彿都一個個慢慢的「退化」成了一個工具。在辦公大樓裡，精細的社會分工把很多上班族定格在了很有限的工作領域裡。於是，在一家公司裡，做產品的職員很難有機會接觸市場，而做市場的員工卻很難知道產品的企劃和推廣，做技術的人員更難有機會接觸到技術以外的工作。

所以，對於年輕一代的職場中人來說，你為了讓自己得到一份理想的工作，為了獲得高薪水，就必須讓自己具有足夠的「核心競爭力」。說白了，就是要讓自己擁有一項有效專長。有效專長包括「有效」和「專長」兩層意思：只要是能夠讓自己勝任一份工作的專門知識或者特長，都屬於此處所說的專長。否則，你面臨的還是職業的瓶頸。

如何讓「薪情」更好

二〇〇八年的金融風暴讓很多人一夜之間丟了工作，二〇〇九年的經濟動盪令職場人看緊了錢包過活。新的一年的鐘聲已經敲響，對於辛苦打拚於職場的您來說，未來的三百六十五天意味著什麼？與舊東家續簽了合約，職位不變，工作不變，薪資不變？和公司分了手，享受聖誕新年快樂的同時，眼睛還不忘時時關注人才報和網站的徵才資訊？已經找好了下家，新的環境新的老闆新的同事，在新職報到前還在託著各種關係尋覓更好的機會？

每逢歲末，人人都在自我盤點的基礎上，對未來的身價、未來的發展有一個新的預期。薪資是上班族在職場中商業價值高低的重要表現，持續穩定的價格成長以競爭力的提升為前提，生活和工作的有序發展將是職業上班族生活滿意度的兩個關鍵指標。那麼，新的一年你的「薪」願是什麼？該如何去實現它？

米尼的心情似乎和新年到來的氣氛格格不入。她是大學機械學系畢業，畢業後直接進入某製造廠生產部工作。五年時間裡，她從一個普通職員一直做到生產主管。之後她跳槽到一家外商食品公司，經過兩年時間的努力打拚，她終於升職為生產部經理。沒想到天有不測風雲，因為身體的原因，她被迫辭職休息半年。好在不久後她的身體得到了恢復，當她準備再次投入職場時，一家知名食品公司給了她生產部經理的職位。她一待就是三年，可最初期望透過努力工作會換來的職位晉升始終沒有出現。又是一個新的年份，想想自己將要繼續「溫水煮青蛙」，內心無不感到害怕。回想近年來自己的薪資紋絲不動，現在再不衝一把可能就真的因為競爭力太弱而趴下了，身邊不少資歷淺、能力一般的同事、朋友跳槽後薪資都漲得比自己高。現在簡歷投出快兩個月了，回應的情況很糟糕，面試過的三家企業還不如現在的公司，米尼一心只想讓自己在來年的「薪情」好一些。

米尼為何止足不前？十年的業內從業資歷、專業對口、對行業發展和工作本身保有熱情，技術知識隨著時間的增長也在不斷上升。從表象上看是沒有明顯問題，但結果卻為何差強人意？

其實米尼在人際溝通能力、執行力、組織協調能力方面最為突出，能夠在綜合管理領域取得更大空間。根據她的實際情況，她更加適合工廠管理或生產管理兩個方向。透過專家對她的職業經歷進行綜合分析後，挖掘出她的核心競爭優勢為：十年的食品行業生產管理經驗；具備生產、品質、設備、成本、部門協調等綜合管理能力；具有專業從業資格證書。其當前的最佳職業定位為：食品生產製造型企業的生產副經理或副廠長。

經過專家的指點和分析後，米尼頓時大悟，原來一直沒能加薪的原因並不是自己的工作競爭力弱，而是沒有掌握好職場中加薪的規則，只會低頭做事，不會用數字和事實說話，同時也忽略了晉升中的許多關鍵因素。在專家全力支持和米尼的努力下，目前她已順利拿到了一個滿意的回報，「薪情」上漲近三〇%，米尼對此結果非常滿意。

職業人在晉升中遇挫，往往是對自己缺乏了解，不知道自己到底想要什麼，也不清楚自己能做什麼，如何得到成就感，如果不能客觀分析自己，提煉出核心競爭力，不懂得加薪的規則，想要獲取高薪堪比水中撈月，遙不可及。作為一名成熟的職場達人，若想讓企業高薪用你，除了要具備拿高薪的潛力，還有一些讓老闆主動為你加薪的方法可循。

1. 秀成果：透過月度總結、業績彙報、展示貢獻度，盡量用數字說話。
2. 善總結：即從總結中得出結論，揚長避短，發揮優勢。
3. 勤彙報：多向上司彙報工作進展，讓主管知悉專案的進程。
4. 他人讚：贏得內部的讚揚，獲得他人的認可，不僅能讓現有老闆更加珍惜人才，同時也會升職，獲得外部平台的機會。
5. 價值比：著眼於現有的工作崗位與同行業相同職位比，立足於公司內部與同事比，與自己先前的業績比較。

如果職業人對自己的發展方向模糊，缺乏職場競爭意識，以為憑著一年年不斷累加的年資就能獲得高薪職位，那絕對是天方夜譚。只有制定科學合理的職業生涯規劃，適時懂得在職場中恰到好處的顯露自己，獲得足夠的關注度，贏得周圍人的好評，才能給自己帶來加「薪」的動力，才有可能讓「薪情」變得越來越好。想在新的一年獲得一份好「薪情」嗎？你該行動了！

找準「薪」跳的方向

薪資起伏是職業發展的晴雨表之一。據一家職業顧問調查中心的對上班族的薪資滿意度調查顯示，六四．八%的上班族對薪資不滿意！做得多拿得少，付出和收入不成正比，對薪資不滿是在上班族中普遍存在的現象。

王麗的專業是市場行銷，同時擁有知名大學的學士學位和英國一所不錯大學的碩士學位。拿著兩張證書的她回國後，開始了人生的職業生涯。外向的性格、時尚的外表、良好的言談舉止，讓她很快就得到了一個醫藥集團公司的錄用。在經過短時間的適應之後，她的業績迅速的增長起來，可以說快得讓人羨慕，一年的時間她的薪資已達到了五千多元。

但是過了一年半的時間，她還是在部門經理的職位上，薪資毫釐不差。是王麗的工作沒做好嗎？可她的業績是全公司最好的。這讓她的心裡埋下了一個抹不掉的陰影，感覺不到自己努力工作的價值體現，這種感覺嚴重影響了她的心情，整天鬱鬱寡歡。就在這個時候一個非常好的專案在她缺席的時候被另外一個同事接手了。王麗這個突破過多個瓶頸的女強人，突然不知不覺的被薪水這個難題堵在外面。

在職場浮浮沉沉，薪水卻始終停滯不前，像王麗這種情況這恐怕是不少上班族女性心中的痛。如果你在人事部的「考評排行榜上」一直名列前茅，為什麼不試著向老闆提出加薪，爭取自己應得的利益呢？當然，薪事關係重大，沒有方法、技巧，結局很可能會與你的願望背道而馳。

一、打探你的市場行情

想要獲得加薪，首先要證明自己薪水確實比別人低的事實。要想不動聲色的探知同行間的薪水狀況，可以試試以下方式：

1. 到職業介紹所或人力資源網站等相關的機構拜訪和諮詢，可以獲悉各行業基本的薪資範圍以及自己是否有當面議價的工作機會。
2. 瀏覽了各行各業的徵才啟事後，你可以進一步尋求相關領域前輩的意見。
3. 此外，你不妨投寄履歷，試試看是否有進一步面試的機會。畢竟，用人單位根據具體情況所做的評估，才是最實際且最有用的回饋。

二、替你的工作表現打分數

薪資所得說明了你目前的職位在公司的重要性如何。所以，你的工作表現絕對關係著薪水的高低。倘若你的成績優異，工作也極富挑戰性、專業性和獨特性，頂頭上司也視你為手下愛將，自然而然，薪水勢必也會有明顯且令人滿意的提升。

三、準確評估工作的附加價值

除了薪資優厚，相對的各種福利，也就是工作的附加價值也要有保障。或許你認為目前公司所支付的薪資根本不足以配上你的身價，自己也另有打算，「蠢蠢欲動」的想跳到高薪的工作環境，但切記要三思而行。若僅有高薪而缺少應有的福利，比如公司不願支付額外的生產補貼或是假期補助，勸你還是打消此念頭。

四、隨機應變，善待自己

若你已警覺目前的薪水不值得再等待下去，不妨蓄勢待發，另尋發展。但很多女性目前職位上不懂得靈活運用以往工作中累積的知識；在透過跳槽來提高自己的過程中，不會包裝自己過去的工作經驗，充分挖掘以往工作中具有高價值的部分。因此，即便有面試機會也不會巧妙的展示自己，更別提如果不會包裝甚至連面試機會都不會得到了。

想要獲得理想的薪資，就要找準自己的「薪」跳的方向和跳板，把握自身職業優勢，包裝自己，炫耀出自己的亮點，才可以在尋求「高薪」的目標時百發百中。

天下沒有白給的薪水

日本松下電器公司有這樣的標語：如果你有智慧，請你貢獻智慧；如果你沒有智慧，請你貢獻汗水；如果你兩樣都不貢獻，請你離開公司。

每一個公司為了生存和發展不得不考慮公司的利益。因此，作為員工，首先要考慮的就是你為公司做出了多少業績。當你的薪水與你的付出不成正比時，千萬不要認為這是老闆在剝削你，要知道，如果公司不賺錢，又怎麼養活公司的每個員工，怎麼去服務社會呢？每個公司都要求員工必須具備這樣一個簡單而重要的觀念——全力以赴的去為公司做事。天下沒有白給的薪水。沒有哪位老闆會喜歡一名白拿薪水的員工，在商言商，每一位老闆都希望自己的每一分錢都能產生利潤。

有一次，在一個同學十年紀念的聚會上，我遇到一位在外商工作的同學，她說老闆一直不給她加薪，所以她沒有動力更好的去工作，只能做拿三千元薪水的事情，並且打算尋找一份更好的工作。於是，我問她：「如果你是老闆，有一位員工要加薪，可是他卻不願意多做一點事情，你會給他加薪水嗎？」她說：「不會的。」我又問她：「如果另有一個員工，主動做出超過目前薪水範圍的事情，你會考慮給他加薪嗎？」她說：「我會考慮的。」最後，我告訴她：「你看，因為你沒有多做出一些貢獻，所以老闆才沒有理由加薪給你。」她聽了這些話之後，恍然大悟，馬上決定無論老闆是否加薪，她一定努力工作，用實際行動來證明自己的價值。

很多人想增加財富，提升地位，讓生活更上一層樓，卻不願意多付出一點，只是不停的抱怨命運的不公。其實，有這樣一種心態，是無法改變現狀的，更談不上什麼成功了。

大多數老闆都希望自己的員工能夠做出更多的業績，即使不奢望每位員工都能夠做出高於自己要求的業績。但也希望員工們都可以至少能夠把本職工作做好，能把任務完成。最起碼能夠對得起自己領的薪水，這是老闆們最基本的底線。

小吳、小馮和小蔣是三個要好的朋友，他們一起通過了面試，在一家軟體工廠開始了試用期的工作。上班第一天經理把他們帶到工廠生產流水線旁，他對領班說：「他們是新來的員工，請你盡快的幫助他們熟悉職位工作。」經理又對小吳他們說：「公司為你們提供一個月的試用期，是否繼續聘用你們，就看這個月裡你們自己的表現了。」剛開始，他們還滿懷希望的工作，儘管對工作不怎麼熟悉。然而，當天天都在重複著簡單的勞動時，他們都感覺在這裡根本無法獲得自己美好的未來。

更辛苦的是，這個月每天都二十四小時開足馬力生產，因為工廠的訂單太多了。工人們都是三班制，分白班中班夜班交替著上。生產線上的節奏很快，每一個崗位都必須聚精會神的工作，所以比較累。更難熬的時間段是從凌晨一點到早上八點的這段夜班，因為這時大家不但要好好上班，還要和陣陣襲來的瞌睡蟲較量。每次下班後，小吳他們都會疲憊不堪的回到宿舍，然後倒頭就睡，連早餐都不想吃。

轉眼間，一個月試用期快結束了。小吳他們三個人都認為自己表現不錯，通過試用期應該沒有問題。試用期的最後一天又是一個夜班，那天去上夜班時，經理在廠房門口等到了他們。他對小吳、小馮和小蔣三人說：「真的很抱歉，透過公司人事部的考察，你們三人都沒有通過公司的試用，上完這個夜班，你們就可以離開了。」經理說完，把這個月的工資交給了小吳他們，然後就走了。三人沒想到會是這樣的結果，都呆呆的站在那裡。

過了好久，小吳說：「快要上班了，我們進廠吧！」誰知道小馮衝著小吳吼道：「你是傻瓜嗎？這家公司都已經把我們解僱了！」「我不管了，反正薪水已經到手，我不去了！」小蔣說。於是，小吳走進工廠裡，穿上工作服，走向了生產線。小馮和小蔣頭也不回的走了。

小吳盡職盡責的完成了最後一夜的工作。走出廠門時，經理已經等在了那裡，經理微笑的對小吳說：「小吳，恭喜你！你的試用期正式結束，請你明天到辦公大樓去接受新職位的安排。」看到小吳一臉疑惑，經理就意味深長的說：「你們三個人都很優秀，但我們要選擇一個最優秀的，和你的同伴們相比，你多了一份難能可貴的責任心和敬業精神，因此我們選擇了你！」小馮和小蔣因為沒有站好最後一班崗，失去了一次工作的機會，沒辦法，只能再次投入到新一輪的求職生涯之中。

英語中有句諺語叫：Do more than pay for，意思就是告訴人們要做得永遠比得到的還要多。唯有這樣你才不會走上失業的瓶頸之路。天下沒有免費的午餐，天下也沒有白給的高薪。你想要拿這麼多錢，就要能為公司賺更多的錢，義務永遠是與責任掛鉤的。作為一名優秀的員工，首先要把公司利益放在第一位，無論何時何地，都要最大限度的維護公司的利益。

公司的利益其實也是個人的利益，大河與小河的關係是再淺顯不過的道理。我們至少要對得起我們拿的那份工資。這其實是一種工作態度和生活態度，它不僅僅適用於職場，還體現於我們生活中的點點滴滴。即使你不是為老闆打工，而是自行創業，也需要有這種精神。其實，維護公司利益就等於維護個人的利益，無論何人，也無論何時何地，這是避免走向瓶頸而需要遵守的一個原則。

為自己謀劃「薪」願

哪個人不想有個好「薪」願，可自己為企業打拚多年，青春損失一大節，薪水卻停滯不前，怎樣才能扭轉眼前的頹勢？

大學畢業後，Angel 到一家大型外商日用品公司做廣告宣傳企劃。三年之中，她成功撰寫了多項富有創意的廣告文案，企劃了幾次大型活動，為公司企業文化的建立做了不少努力。另外，由於人脈得到拓展，她還為公司拉來了幾單大生意。Angel理應得到更高的薪水。但老闆雖然對她的工作表現很滿意，卻從來沒有要給她加薪的意思。機會是靠自己爭取來的，Angel不想坐等老闆賜予，她決定自己去爭取。

可日子一天天過去，「薪」情一如既往，Angel很想開門見山對老闆提出加薪要求，但每當面對他，好不容易鼓起來的勇氣又癟了下去。

因為Angel的思慮很多：害怕萬一被拒絕，短時間內就很難再有加薪機會；害怕因此造成雙方關係的僵化，反而會弄巧成拙。但不說的話又覺得心有不甘，畢竟在現代社會，講究的就是按照功勞來分配獎勵嘛。

怎樣才能達成「薪」願呢？凡事預則立，不預則廢，很多人都是因為準備不充分，造成了「加薪行動」的失敗。

1．加薪理由

這是加薪行動至關重要的環節。要想獲得加薪，必須向公司證明自己值得加薪，而不是需要加薪。Angel把自己值得加薪的理由一條條列在紙上，她要讓老闆相信，她所帶來的價值要遠遠大於她所拿到的薪水。一旦把成績落實到紙上，她愈加確信自己的能力，堅定了爭取加薪的信念。

2．模擬會談

在列舉完自己的功勞後，Angel又設想老闆可能會提出的問題，並邀請朋友多次模擬與老闆會談的場景，直到能熟練的回答所有的問題。這種模擬會談事後證明是極為有效的，因為它訓練了她在談判遇到困難時控制情緒的能力，老闆的問題全部在她預料之中。

3．選擇時機

何時開口提出加薪，也需要技巧，時機成熟，事情就成功了一半。在提出加薪請求前，Angel 盡可能多的考慮了各種因素：目前公司業務蒸蒸日上，業績大幅增長，盈利能力不斷提高，而且他們所處行業的回報和利潤率已經超過了薪資的增幅，從大環境上說，現在提加薪時機已經成熟；從老闆個人來看，他剛剛簽訂了一份重要合約，正是心情愉快輕鬆的時候；就她自己的情況來看，她最近順利完成了一個大型專案，又一次展現了她的實力。各種情況綜合分析，現在已到了最佳的行動時機。

4．加薪談判

成敗的決定一招，就是把加薪行動落到實處。

有了上述準備工作做基礎，Angel 滿懷自信的走進了老闆的辦公室，開門見山向老闆表達了想要加薪的理由：「劉總，我還跟您商量一個事情，就是希望能提高我的薪水。在人才市場裡，和我相同職位的待遇平均四千五百元，而過去兩年來，我也盡全力完成了公司交代的任務，藉這個機會，希望公司可以重新評估我目前所得的三千五百元薪水。」接著她列出自己早已爛熟於心的加薪理由，向老闆證明自己的工作業績。

老闆顯然沒有料想到她會直接提出要求，但他很快就控制了自己，微笑著提了幾個早被

Angel「預估」了的問題。最後，他很爽快的答應了Angel的加薪要求，並且說了句：你為什麼不早點告訴我呢？「加薪」這個詞，對於絕大多數靠薪水生活的職場中人來說，無疑帶給他們無盡的遐想與期盼，特別是在當今的社會大環境下。加薪，其實也是一場企業與個人的價值博弈，在這場博弈中，企業和個人都想以最少的成本獲取最大的收益：企業會透過考慮各種因素來確定加薪比例，達到吸引、留住員工，降低人才流失帶來的成本，以及提升工作滿意度的目的；而個人會透過要求加薪、晉升等追求個人職業價值最大化。一項調查顯示，超過半數的企業已經把年度例行調薪作為一種制度或者「潛規則」，調薪的參考依據主要是企業效益、員工工作業績、職位等級、市場水準、本企業服務年限、CPI等因素，是一個綜合考慮的結果，而不是單純看CPI或依個人申請而為。這也意味著，個人想與老闆談加薪的話，除非你的工作讓老闆感覺是別人不可替代的，否則成功的機率不大。那麼職場人士如何巧妙申請加薪？

1．知己：對自身作「望聞問切」的評估

首先，對自己作一番全面正確的評估。即你在企業的資歷怎樣，你最近出色的完成了哪些項目，這些項目為企業貢獻了多少，你的這些貢獻和你現在所獲得的報償是否相配等。其次，你是否具有企業稀缺的技能，你的能力是否已到了極限，你未來還能如何幫助企業提升業績，你的離去是否會給企業帶來某種損失等。再者，要判斷自己是否處於企業的關鍵部門，這一點是很重要的。如果自己的職位是處於企業核心部門或與企業核心項目緊密相連，那麼加薪成功的可能性就較大，否則不要貿然觸及加薪敏感的話題。

2．知彼：對企業、行業和社會現狀作評判

加薪還必須通盤考慮大環境影響因素。企業效益、行業前景和國家經濟發展狀況等，都屬於必須考慮範圍。首先，主動提出加薪，成功的機率如何，漲幅多少，除了與個人的特質、業績表現有關之外，還要受企業因素影響，包括企業所處的發展階段、經濟效益、薪酬制度、企業文化、整個企業的營運順暢與否、企業的近期和遠期目標等，其中經濟效益、薪酬制度兩者最重要。在與企業談加薪前，需要明白企業薪酬制度有何具體要求，對不同部門、職位有何不同規定等。

企業的性質、規模也很重要：在較小規模的民營企業中，薪酬的彈性比較大，加薪機會相對較大，要多爭取；在跨國企業、大型的企業中，一般有嚴格的薪資體系、程序，什麼職位有什麼薪酬已有一個嚴格的固定標準，一般可談的空間較小。其次，還要認真研究同行業相關職位薪酬的大致數目，再根據自己工作中的表現，評測一下企業對自己的重視程度，再估計一個合理的加薪額度，這樣成功的機率更大。再者，須仔細分析現階段整體社會經濟發展狀況。如果當年國家經濟發展較快，CPI 物價指數上漲也快，加薪勢必成了一種順應潮流的合理要求。

3．掌握合適加薪時機

首先，要察言觀色選擇適宜時機。在企業某項業務進展不順、自己所負責的專案做得不好、老闆正被企業的某件大事煩擾的時候去談加薪問題是很忌諱的。切記，在企業業績下滑、大幅削減員工獎金甚至凍結薪資時，要求老闆加薪有如「虎口拔牙」。而在企業近期業績大有增長，或者自己剛完成的大案子給企業帶來不少可觀前景，則可提出加薪要求。

其次，要了解企業加薪的規律與制度。一般企業每年十、十一月就開始進行業績評估、考核，根據考核的結果在年終歲初進行職位、薪酬等各方面的調整。因此在評估結果出來之後，如果自己的業績不錯，發現有加薪的空間，可以以能力和業績為資本向老闆提出加薪，這樣做成功的機率要大得多。

4．變通：從其他方面獲得與加薪等值的回報

增加獎酬的方式是多樣的，不一定非要直接增加薪資，如果老闆不同意直接加薪，不妨考慮一下其他變通方式來為自己爭取更多利益，比如交通費、餐費補貼、休假、靈活的工作時間、培訓、分紅、股票期權等，或可請求把加薪轉化為職業發展機會，轉到更適合自己或更重要的職位，或要求參與較大的專案以全面提高自己能力等。這些雖然比不上加薪直接，但從中也能獲得不小的收穫，價值也不小。

5．克制：保留今後立足發展的餘地

萬一加薪要求被拒，先別垂頭喪氣、急著調頭就走，要禮貌的追問老闆自己哪些方面做得還不夠，怎樣進一步才能達到加薪的要求？以讓老闆在了解自己的同時，對自己產生信任和好感。若老闆建設性的列舉你有待改進之處，那這些將是你將來的工作目標和發展空間，就得謹記在心，及時改進，以作為下次提加薪的籌碼。

大部分企業的HR表示，個人申請加薪還是極少數，不過多數情況下公司會予以考慮，根據其工作業績等情況與其部門主管進行協商，如果這個員工的價值決定他是值得留下的，那麼他加薪申請被採納的可能性是相當大的。總而言之，個人申請的成功與否，在於個人與組織談判的籌碼夠不夠大。

突破低薪的瓶頸

某知名徵才網站最近對各領域、各層次職場人士的薪資狀況做了一次調查，發現職業人的薪資和發展問題是大家最關注的焦點之一。被調查者主觀上認為自己拿的是「低薪」的占一八%；日常開支高於工作收入占三〇%；現實待遇低於行業平均水準占五二%。調查結果顯示，職業人普遍對自己未來的「薪情」以及發展表示擔憂，特別是處於中低層職業職位人士的憂慮程度明顯更高一些。這個調查結果和來到我們職業規劃機構諮詢的客戶群體比例不謀而合，大部分來諮詢的客戶都是因為沒有好的發展空間，薪酬水準低於自身身價，突破不了瓶頸。

趙龍二〇〇六年畢業於某知名大學，大學畢業後回到離家鄉不遠的城市找工作。趙龍學的是工商管理，所以找的都是行政人事類工作。因為本身綜合素質不錯，所以一開始找工作很容易，沒怎麼費勁就進了一家服裝加工企業擔任總經理辦公室祕書的工作，雖然薪資不高，只有一千五百元，但是趙龍看中企業規模不算很小，應該是比較有制度規範的，可以學到比較多的東西，所以就留下來了。但是在公司待了兩年後，趙龍才發現公司沒有什麼規範的加薪制度，身邊的老同事有些進公司七八年了，薪資也沒有大幅度的提升，和他們的付出遠遠不成正比。而自己隨著工作的熟練，工作量的增加，也只加了五百元。想想再過幾年也沒有什麼大幅度加薪的希望，就想到了跳槽。

但是，趙龍的個性是「宜動不宜靜」，在找了一段時間後，發現能找到的幾份工作都和目前的職位差不多，自己認為好的又進不去，心裡又開始猶豫是否要跳槽了。因為薪資問題，單位流動量也比較大，原來的辦公室主任在趙龍進入第三年就離職了，於是趙龍晉升到了辦公室主任的位置，但是薪資只有可憐的二千五百元。現在畢業四年了，和身邊的同齡人比比，自己只是別人的二分之一甚至三分之一，四分之一的待遇，而且做到這個位置也沒有什麼上升空間了，也許以後就是等著幾年加個幾百元了，看不到一點希望。趙龍現在疑惑的是，為什麼自己找不到薪資高點的，又有發展的工作呢？

其實很多人正處於和趙龍一樣的疑惑中，自己是大學生，甚至是國立大學畢業的，為什麼工作幾年後，薪資甚至比「一般工人」還不如。其實本身，這個就是一個選擇的問題。

薪酬取決於什麼呢？個人競爭力，行業回報率以及職位的存在價值等因素。很多人拿低薪並不是自己不努力，而是不清楚如何努力，不清楚怎麼去選擇吻合自己的平台，包括自己的身價在職場上的正常值是什麼範圍。

趙龍所在的行業是服裝加工，本身行業的附加值就低，企業在市場上沒有什麼核心競爭力，所以能回饋給員工的必然就少，降低各樣的成本包括人力成本是這樣的企業首先要考慮的問題。加上趙龍所在的職位雖然做的事情多，但是職位價值不高，對企業效益的直接回饋也不明顯，所以企業並不看重，不會大幅度的加薪留人。所以，趙龍要突破薪酬瓶頸，首先必須要轉換行業，提升自己的職位價值，能累積所需的競爭力，最終的目的還是不斷發展不斷增值。

畢竟，人生每個階段都是不同的，也許自己現在隨便選擇一份工作都能拿到更高的薪酬，但是隨著年齡的增加，生活壓力的增大，薪資要不斷往上突破，首先自己的能力需要對等，職業需要不斷發展，否則高薪只是曇花一現，出現不可預料的變故就難以獲取或突破了。所以，需要考慮的不僅僅是競爭力所對等的薪酬待遇，還需要建立在自身適合的有發展的角度上綜合評估選擇平衡點。最重要的是這個平台能夠快速幫助你累積所需要的核心競爭力，為以後長期穩定的發展打好基礎。

低薪雖然只是職業發展的表象問題，但是它能很清晰的反映個人的職業狀況。解決低薪問題，只有進行科學合理的職業生涯規劃才是出路。專家建議：跳槽或者求職時需要考慮自己的薪資問題，但不能只考慮這個問題，可持續的發展才是基礎，為的就是保證自己的薪酬隨著年限的增加也是直線上升，而且規避可能的職業風險。

主動出擊，「薪」花怒放

對於一個老闆而言，始終關注的是你的價值，能否透過你作出的工作為他實現價值的增長，這才老闆最關心的。對很多不能達到滿意薪金的人來說，他們並不是能力不能達到企業的要求，而是在於他們沒有把自己的價值需求表現出來，缺乏的是對自己體現出價值的訴求，只是被動的等待老闆的升職加薪，而沒有主動去要求過。

瑩瑩和甜甜是一起進公司的同事，也是好朋友。但是甜甜最近向老闆提交了辭呈，準備跳槽。該公司是個有一定的規模和知名度的大公司，所以當初來應徵的人特別多，瑩瑩和甜甜算是這批人當中的幸運兒，當然也因為她們都有令人羨慕的學歷，一去應徵就馬上拍板，試用期未滿就雙雙被公司留下簽為正式員工。老闆如此賞識，讓她們心裡異常溫暖，對老闆感激不盡，只有加倍努力工作。所以她們幾乎每天加班，一週工作時間在七十小時以上。試用期滿，讓她們翹首企盼的薪資並未落實，老闆的許諾沒有兌現，只是象徵性的增加了一些，而且這份額外的收入還是老闆在私下裡給的。就這樣，拿著比其他同事多幾百元的薪水，心裡有隱隱的優越感。但每天加班至深夜，卻又覺得為這點薪水不值，心裡有些鬱悶。

瑩瑩原以為，甜甜之所以跳槽是因為厭煩了這種沒日沒夜的工作形式，薪水又不高，但甜甜卻告訴瑩瑩，她的離開主要是自己想尋求更好的發展。至於薪水，她的薪資早就四千元了，而瑩瑩仍拿著一千五百元。聽了此話，瑩瑩當時就感覺暈了，氣憤的罵道：柿子挑軟的捏啊，看我好說話就這麼欺負人！

甜甜很同情的看著瑩瑩說：你也真夠傻的，只會拚命工作，卻不知道向老闆提合理要求，太不珍惜自己的付出了。換成別人，要麼不加班，要麼早就提加薪了。考慮到個人的利益，也就沒跟你說。現在我走了，告訴你這個祕密，實在是感覺你做得太吃虧了。

甜甜的一席話，讓瑩瑩失眠了一夜，也思考了一夜。第二天上班，深思熟慮後的瑩瑩終於向老闆提交了一份關於加薪的書面建議，同時告訴老闆，她昨天和甜甜聊了一晚上。老闆尷尬的「哦」了一聲，拿了報告就走了。

不一會兒，老闆把她叫到了辦公室，半小時後，瑩瑩從老闆的辦公室裡出來，結果可想而知。那時的她別提多高興了，上班多年，瑩瑩還是第一次勇敢的向老闆提出加薪的要求並且成功了。每個老闆在加薪問題上總是能免則免，得過且過，很像擠牙膏，你提了，他才會「想」到，若連你都不為自身利益著想，他才沒空替你考慮。

在當今這個開放的時代裡，即使是一個事業有成的職場女性，也不要指望被別人發現或者認識，你得讓公司知道你做了些什麼，知道你還可以做些什麼，讓人們知道你是誰。低調是少數成功者和大多數失敗者的做事方式。而不善於表現，沉默寡言，與公司的主流群體無法和諧相處，是不可能有好的發展，也得不到理想的薪資的。用最準確的語言最有效的去表達自己的意圖，在關鍵時刻挺身而出，從而使自己脫穎而出，充分的表現自己才能讓自己的「薪」花怒放！

商店裡擺放的蛋糕，上面都塗滿奶油，裱上美麗的花朵，人們看了自然就會喜歡來買。但是如果做完蛋糕沒有裱花，那麼就會因為看起來不夠漂亮而賣不出去。

身在職場中的上班族們也是如此，如果你辛辛苦苦為公司做出了業績，上司主管卻視而不見，或者把你的業績誤算成別人的功勞，或者你做著同樣的工作，得到的卻是不平等的待遇，這時候你就要敢於主動站出來向老闆申一申「冤」，訴一訴你的委屈，讓老闆知道你的功勞。老闆明白真相後，自然會論功行賞的，這樣你才不至於總在職業瓶頸的邊緣踏步。

劉非女士在美國華爾街的一家大公司找到了一份工作。工作不到半年，一天同事凱薩琳違反公司規定偷偷告訴她，她的薪水僅僅是凱薩琳的一半。劉非一聽，氣得幾乎要發瘋。但她還是穩住情緒，略一思索，便去找老闆們理論。

她對大老闆說；「你也許不完全知道，與我一起進來的員工都無經驗。而且這幾個月以來，我的成績最大，一共完成三個專案，其中一個是獨立完成的，給公司創匯七萬多美元，但被人搶了功。」她又加重語氣，「而且大家有目共睹我是多努力，我的上司根本沒有耐心教我任何專業知識，卻把我的成績當作他個人的功勞，在公司獲取最高的待遇。在這種情況下，我的薪水還要少於他人，這很難讓我接受。我相信，這也難以讓您接受。如果誰因為我的種族而欺侮我、歧視我，我一定和他拚到底！」她的聲音裡情不自禁的帶上了委屈，「如果我是你們家庭的一個成員、你們的小妹妹，你們會這樣待我嗎？」

結果，劉非得到公司的道歉卡，同時加薪五〇%，並補足原來的數量。劉非靠自己主動的「申冤」，挽回了自己的權益。所以有時候只有去主動爭取，才能真正勞有所得。

其實這是上班族們為擺脫職業瓶頸的一種策略。該爭取的時候爭取，自己付出了就應該得到相應的回報，很多時候，有些東西不主動爭取就無法得到。除非你打算一直繼續坐冷板凳，蹲在角落裡顧影自憐，否則，每當做完自認為圓滿的工作，要記得向老闆、同事報告，別怕人看見你的光亮。

我們可以放眼職場看一看，同一公司裡，同樣的工作，同樣的業績，會「申冤」的人往往會得到更多的報酬。因為他一「申冤」，老闆便知道了他付出了多少辛苦與勞累，知道了他的收入是少得多麼可憐；知道了他的熱情受到了多麼大的挫折，而他的後勁又多麼的不足。讓老闆從內心裡感到不給他加薪進爵都不足以平民憤，加薪是應該的。再看那些默默無聞、不聲不響工作的人，年年歲歲花相似，來公司那天什麼樣，現在還是什麼樣。為什麼呢？細想開來也不難理解，偌大的公司，老闆事務繁多，怎麼可能會注意到每一個人呢？整天只會悶頭做事，不會爭取，誰又能知道你的辛苦、你的勞累呢？也沒有人知道你對薪水是否滿意，你整天是不是在想著離開。即使你離開，找一個更能體現你價值的地方，可是你仍然只是會做不會爭取，光等著別人來發現你，那結果不還是一樣嗎？

阿蓮剛進她現在工作的這家房地產公司時，為了得到公司的認可，幾乎成了工作狂，而且還常常想出很多新穎實惠的點子來。阿蓮的第一次企劃案被經理讚為「有創意，很新穎」。

阿蓮的同事麗麗自認是她的好朋友，在阿蓮忙得天昏地暗時，她會適時的遞上一杯咖啡；阿蓮加班時她又會送來一盒便當；當阿蓮的兩隻手恨不得當八隻手用的時候，她總是自動拿起資料幫阿蓮影印好。就是這樣，麗麗在一點一滴的小事中感動著阿蓮。

一次，阿蓮很滿意的完成了一個企劃案交給經理。誰知第二天經理找到阿蓮：「我本來很看重你的才華和敬業精神，一時沒有新點子也沒什麼，但你不該抄襲其他同事的創意啊！」阿蓮一臉驚訝，經理遞給阿蓮一份企劃書。天哪！竟然和阿蓮那份驚人的相似，而企劃人竟是麗麗。面對經理的不滿和好朋友的「心血」，阿蓮啞口無言，因為阿蓮沒有任何證據證明自己是清白的。

但是阿蓮並不甘心蒙受這樣的「冤屈」，她時刻等待著機會「申冤」。機會終於來了，經理下達了個很重要的文案任務。這回，阿蓮從自己的新點子裡篩選出兩個方案，做出A和B兩份企劃書，明裡還是不避麗麗，在辦公室裡大做A企劃書，但暗地裡阿蓮已把B企劃書做好並交給了經理，並附加紙張寫清了上次「蒙冤」的緣由。果然，不久之後，麗麗交上了一份和A企劃書頗為相似的文案，明白真相後的經理非常惱火，他請麗麗另謀高就，而阿蓮的成果也保住了。

敢於向老闆「申冤」，前提是你真的有那份功勞被埋沒了，如果沒有功勞，「申冤」也是不起什麼作用的。有時候，即使你沒有「冤屈」，但是你有了功勞，不妨適當向老闆表一表功，也會得到主管的嘉獎的。天長日久，大家都看到了你的功勞多，老闆想不提拔你都不行了。所以，為了避免播下了龍種，收穫是跳蚤，你要主動出擊，這樣你才會「薪」花怒放。

第六章　突破晉升的天花板

同是一批從學校畢業初入職場的大學生，為什麼只有少數部分能夠快速獲得老闆的賞識並加薪晉級，而大部分要麼被埋沒最終落個庸碌無為，要麼總是四處碰壁找工作。職場如戰場，良將渴求精兵。不要被好大喜功的負面觀念限制住，有所付出理應期待回報，適時讓老闆知道你的貢獻何在，才能在他心裡留下漂亮的成績單。

越來越渺茫的晉升機會

自古以來都是「人往高處走，水往低處流」。不斷的向上，向上，再向上，這似乎已經成為了歸屬於人生的一條定律。於是人們從走向社會的那一刻開始便一路狂爬，努力向上攀登事業的珠峰。可是攀越了多年後，卻驀的發現，自己怎麼突然間迷路了呢？前方已然無路，再抬頭已被碰得生疼，無意間竟然碰到了職業的「瓶頸」，這便是職場晉升的瓶頸。

職場之中我們常常會看到這樣的現象，當一個人進入職場後，就發現在職場競爭中，職場裡晉升特別艱難。小公司或許還好些，若進入中型企業或大型企業，工作一段時間後，原本渴望晉升的念頭，像被迎頭潑了一盆涼水，那些新同事老同事們，一個個排好隊等著晉升！如果自己也加入佇列，排了個十年八載，也未必就見得有指望。當我們發現晉升之路不再有，渴望升職的路變得越來越渺茫時，也特別容易迷失。

對職業生涯頗有野心的張友，近來忽然發現自己在職場上越來越力不從心。今年已經三十歲的他現在漸漸感到自身的競爭力隨年齡增長不斷下滑。看看身邊，全都是朝氣蓬勃的年輕人，幹勁十足，恨不得天天睡在辦公室裡；可自己呢，這麼多年來熬成了公司裡的「大哥大」，身體和精力早早透支不說，職位卻依然停留在資深的位置，遲遲不見晉升。「這就是所謂的職業瓶頸吧？」張友說：「常常在忙忙碌碌中不知不覺到來，自己卻還渾然不知，一旦察覺了又茫然無措。現在年齡大了，有時會發現前景特別渺茫，越想越覺得自己處在瓶頸的邊緣。」

職場上很多年輕人都是從青年時代就開始艱苦努力，不斷進步，不斷突破自己，一步一步的走上一個又一個的新台階。好不容易升上了一個很不錯的職位後，卻止步不前了。雖然此時工作上已經累積了足夠的經驗，見識也開闊了，能力也增強了，也具備一定的管理技能了，結果卻遇到了職業的「瓶頸」，難以進一步晉升。尤其是三十歲這個年齡階段的職場人士，不僅普通員工如此，那些職位做到總監、高階經理之類的人，也同樣更加感到困惑。並且，到這個年齡階段的人，生活基本上都穩定下來了，如果再重新找一個機會的話，需要花費更大的成本，所以，何去何從？在選擇面前往往都猶豫不決。

在外人看來，那些在職場處於高職高薪的人很是讓人羨慕，殊不知看起來很是光彩照人的工作背後，卻是進退維谷的尷尬境地。儘管事業上一路飄升到較高的職位，可是突然產生失去了目標的惶惑與困擾，下一步該怎樣走呢？晉升的機會已是遙遙無期，當年提拔過的職場新秀如今已是老驥伏櫪，志在千里，對自己現在占據的這個職位早已虎視眈眈。面臨被新秀淘汰的命運，是暫時守住自己這個飯碗渾渾噩噩度日，還是放棄手中這份「雞肋」再重新選擇、重新拚搏？

雷新今年三十歲，在某外商做分公司的銷售經理，負責該公司在當地市場的銷售。銷售經理，多少人羨慕的工作，年薪豐厚，大權在握，工作時間還算自由。而對於雷新，卻有了一種新痛苦。沒有別的，就是遭遇到了職場「瓶頸」。即使工作表現再出色，銷售業績再創新高，雷新職位的制高點也永遠只會是一個銷售經理。雖然公司裡比銷售經理大的職位並不是沒有，但是永遠輪不到雷新的頭上。因為那個位置永遠屬於公司總部直接派人來擔任。雷新現在的頂頭上司就是由總部派來的。這種職場尷尬，雷新已經不是第一次經歷了。

當初雷新大學畢業時進的公司也是這種情況，在那家公司雷新做了六年，從底層做到部門經理便止住了。雷新毅然放棄了那份職位，重新「充電」，MBA畢業後，來到現在這家外商，結果又是重蹈覆轍。

如今已是而立之年，雷新也已經不再是當年那個敢於放棄一切、從頭再來的年輕小夥子，現在縱使不為自己著想，也要想想家裡的妻兒老小，所以種種猶豫隨之而來。想自己開個小公司獨立創業。雖然憑自己對當地市場的熟悉和長期建立的客戶關係，足以支撐小公司發展下去，但是風險無法預計，很可能的結果就是還沒等到賺錢就已經把全部積蓄都押上去了。況且自己的太太當年因為懷孕生子放棄工作，如今是一個典型的「全職太太」，根本沒有收入保障，而小孩的成長培養又需要很多錢。雷新思前想後，還是依然困惑不已。

這種職場晉級的瓶頸，讓很多人處在職場的底層，拿的是較低的收入，如果年輕，還可以接受這樣的現實，但是如果工作若干年後依然沒有進展，那便會引發生活上的瓶頸。因此，作為職場中人，在瓶頸尚未來臨之前，就要居安思危，未雨綢繆，努力工作，力爭晉級。因為，無論你是普通員工還是高薪上班族，唯有不斷增強自身的競爭力，才能步步高升。

如果你發覺現時的工作沒有發展前途，你也許就需要換一個老闆了。「傳統上所說的晉升，是指在一個機構內的職位變動。」某管理諮詢公司的總經理說，「而今，它則是指在現有公司內部或其以外，幫助人們達到事業目標的任何工作變動。」不管你是決定留在眼下的公司，或是打算另謀高就，以下六個步驟將有助於你在事業上如魚得水，更上一層樓。

1．向上司直述目標

「你如果想升職，就必須讓管理層知道，把你的目標和專長直截了當告訴他們。」

在一家財務公司工作兩年後，麗莎獲悉自己將接任客戶服務經理。然而，她沒有得到該職位最有油水的工作——為新客戶設計培訓教學資料。這一工作由她的新上司負責。

但新上司沒時間自己動手設計，麗莎於是毛遂自薦。她對新上司說：「我富有創意，又有設計和寫作經驗，你就等著看看我的表現吧」不到三個月，她便完成了這項工作，設計出來的資料深受歡迎。沒隔多久，麗莎被擢升為所在部門的副主管。

2．未雨綢繆解決難題

談論目標可以使你受到注意，不過你還需要證明自己。如同很多有能力的員工在同一職位上徘徊多年所證實的那樣，僅僅做好現有的工作是不夠的。你應該著重於做下一樁工作。五年前，慧萍擔任公司的人事經理。一上任，她就遇到棘手的事：因公司的經理們剛搬到幾公里外的新辦公室，留在倉庫的員工感到被忽視了，情緒波動很大，慧萍一走人心更加渙散。她遂把自己的辦公室重新設在倉庫。嗣後，她又訓練倉庫管理員們做故障檢修員的工作，處理員工關心的種種問題。由於她對這一切處理得非常妥貼恰當，她很快得到升職。

慧萍是被迫挑起上司的擔子，而你卻不可等著瓶頸來證明你的膽識。一位職業諮詢顧問向大家建議，最好找個辦法來證明一下你所能勝任的另一樁工作。

當你承擔更多的責任時，應隨時記下你所取得的成績，比如為公司節省了時間、資金，或是令新產品問世等等。這一業績紀錄能從兩方面幫助你升遷：其一是你可用它來重寫包括新責任的述職報告，其二是你可用它來重寫你的個人簡歷。

3．提出建設性的意見

過去，對上司唯命是從者往往能步步高升，但現在，管理層更重視那些敢於表達不同觀點的員工。這些人的見解，常常能使公司避免重大損失或陷入困境。

新任客戶經理李軍就職後，第二天便參加公司高層會議，討論公司推出的一種汽車底漆。「我們的漆一向是黃色的。」他在會上說，「但從跟客戶的交談中，我們知道他們更喜歡淺灰色的。」儘管自己剛進入管理層，李軍仍鎮靜的解釋為什麼將底漆的顏色轉為灰色能增大銷量。今天，淺灰色底漆是該公司銷路最好的產品之一。李軍大膽提出自己的見解，不過，他也相當精明圓滑，只是謹慎的談到客戶的需要。

專家們認為，李軍的策略堪稱無懈可擊，值得效法。就是說，不要直接反對別人的看法，而應當提出建設性意見。切莫說「你的辦法行不通」，要說「如果這樣，效果可能比較好。」

4．全力以赴協助上司

阿強在一家房地產公司擔任低階職員。他的工作是研究地圖，打電話給可能有意租用該公司建設的摩天大廈的客戶。當頂頭上司說想跟他一起打電話時，他欣然同意。阿強對上海的房地產情況瞭若指掌，上司則熟諳各類租戶的需求。兩人很快攜起手來，各施所長，去說服租戶租用他們推銷的商業大樓。

多年來，他倆一直相互幫助，合作甚洽。後來，當上司改行當高階管理顧問時，他介紹阿強到當地另一家規模很大的房地產公司任職。「最關鍵的是他信任我。」阿強解釋說，「一旦他要找人洽談大生意，他知道派我去就放心了。」

5．贏得同事們的信賴

同事之間的勾心鬥角競爭的時代已經過去了，不少公司為削減開支而裁員，使員工的工作量大增。在這種形勢下，分工合作顯得尤為重要。沒有同事的支援，你將很難辦成一件事。

英傑是一家肉類加工公司的主管。對他來說，同事們的支援至關重要。過去二十年來，他是從生產線上開始，一步步晉升到高階管理層的。英傑以前經常代表大家與領班談判，解決紛爭，員工們都十分信任他。正是這種信賴，使得他屢屢升職。公司管理層深知，憑藉他在員工中的威信，英傑完全可以當一名幹練的經理。「獲得升職者在公司中享有良好的聲譽。」職業介紹所的張莉說，「他們之所以能扶搖直上，是因為同一等級的人和上司信任他們。」

6．設法自己創造職位

即使一時沒有合適的工作，你照樣可以為自己創造個職位晉升上去。

薩克斯頓在著名的傳播機構貝爾－霍韋公司任職時，一名高階管理人員要對公司眾多分支機構進行分析，擬定計劃以協調各機構的工作。薩克斯頓把注意力集中於維爾丁電影製作公司。雖然該公司一直在虧損，但是薩克斯頓知道它可以轉虧為盈。

為此，他提出一個具體的市場開拓計畫，建議維爾丁公司賣掉電影製片廠，將業務集中在諮詢顧問及推銷新產品上，上司對此大為讚賞，當即把薩克斯頓提拔為維爾丁公司副總裁，主管市場開拓。不到一年工夫，他就使維爾丁公司芝加哥分部開始盈利。薩克斯頓用實績向公司管理層證明他的能力，從而為自己創造了一個更高的職位。

不管你是想在現時的公司晉升，還是試圖在外面找一個更理想的工作，這六個步驟都將為你達到目標助上一臂之力，只要堅持不懈，靈活機智，你就會發現下一次升職指日可待。

突破晉升的天花板

儘管在很多企業確實有「玻璃天花板」存在，有的甚至還是鋼化玻璃做的，但你依然有可能衝破這道天花板，獲得成功。學會排解遭遇「天花板」時的鬱悶，接受這種狀態，並努力壓制自己的挫折感，同時堅定信念，保持積極的心理暗示，認為自己肯定辦得到。要知道，擁有信念比擁有才能更好。

安娜最近好鬱悶，跟她同時進公司的男同事們差不多都是部門主管了，而她還是在一個偏僻的辦公室的角落裡摸爬滾打。其實，她的能力並不比他們差。在上一次的晉升中，原來的同事又一次變成了自己的頂頭上司，於是安娜便萌生了去意。

大家可能很熟悉這種故事，女性在職場上常常會受到歧視。從找工作的一開始，多數用人單位就對女性提出的要求非常高，處在相同水準上的男女候選人，公司可能就要男性了。女性必須要比男性優秀，勝出的把握才大些。

進入公司後，很多條件對女性不利，有的時候並不是你的業績好，就能得到較高的回報。多數女性在工作經歷中，隱約感覺到自己與男性是不同的，感覺到不被群體接受。面對職場的性別歧視，女性朋友們該如何面對呢？

其實，女性跟男性相比，具有很多與生俱來的優勢。因為在強調團隊合作的情況下，女性比男性具有更高水準的交往技巧。因此，職場女性可以利用自己的這種能力，在工作中更加充分的發揮自己的特長。

女性在交往上的優勢包括：更注重人際關係；利用談話融洽關係；被認為更容易平易近人；認為工作上的決定應該由大家一起來做；避免衝突，維護和平氣氛；更通融，更具有自我犧牲精神；更擅長利用直覺和移情來對待困境。

女性自身的優勢，再加上出色的工作能力，以及了解公司的企業文化，一個能為公司帶來很大業績、對公司發展做出很多貢獻的女職員，老闆有什麼理由不升你的職呢？

職場女性們，改變一個人的固有觀念也許很難，但你首先要有自信，同時展示你的業務能力，還有就是對企業文化的知曉。知道這個企業喜歡什麼樣的人，以及他們的日常規矩和一些不成文的規定。既不能整天埋頭工作，而不顧其他，也不能為了忙於職場的人際關係，而搞得滿城風雨。你要兢兢業業，對男性喜歡競爭的天性有所了解，更要對他們所主宰的企業文化認識深刻。

不要像安娜一樣遇到這種問題，就無所適從，甚至準備離開公司。不會正確恰當的處理這些問題，到哪一家企業都無法高效愉快的工作。跳槽並不是解決問題的最佳途徑，找到原因，對症下藥才會有所突破。

其實，命運往往把握在自己手中，只要用心努力了，就一定會有回報。面對晉升的不公平，女性朋友要善於為自己創造條件，勇於為自己爭取機會，充分發揮女性的優勢，彌補自己的不足，為自己的晉升掃除重重障礙。

辛苦打拚多年後，每位職場女性都可能陷入尷尬境地，遭遇事業發展的「瓶頸」。怎樣才能保持持續發展，衝破制約自己的心理障礙呢？

米尼在一家日用品公司做銷售，最初真的是很辛苦，每天早上從辦事處出發，到市區的商場站十個小時櫃檯，晚上再帶著銷量返回駐地。產品推廣到一定階段時，常常要舉辦大型的促銷活動，整個活動從企劃到安排，她都處理得井井有條。商家間的你爭我奪，促銷時的「赤膊上陣」，每天都數位化了的銷售量與占有率，使她像開足了馬力的機器，不停的奔波旋轉。

兩年過去了——憑著熱情和幹勁，她已從最初的行銷人員做到了銷售經理。可走到這一步，米尼發現自己一仰脖子，頭就觸到了「天花板」。她的直屬上司是區域經理，資歷很深，在這個位置上也做得津津有味。有他在，米尼的升職幾乎是無望的。大概他也感覺到了米尼的潛在威脅，所以對她的工作常常挑剔，在往上彙報時，也常將米尼的功勞據為己有。

每天做著相同的工作，和相同的客戶打交道，管理的還是過去那些手下，米尼發現自己對工作越來越提不起精神。年初定業績目標，她也偷懶往低裡定；下班就走人，不肯犧牲一點休息時間。沒有了升職，沒有了嘉獎，進步的幅度不再成長，潛力似乎消退，米尼的發展遭遇了「玻璃天花板」。年初，本應是滿懷激情的制定新一年工作計畫、展望職業發展前景的時候，米尼卻怎麼也打不起精神，往日摩拳擦掌、躍躍欲試的熱情無影無蹤。「沒勁，沒勁」已經成為她的口頭禪。她開始渴望沒有壓力的工作，過悠哉悠哉的生活，終於遞交一紙辭呈，離開了公司。令她後悔莫及的是，就在她辭職不久，區域經理就跳槽到了另外的公司，本該屬於她的職位，現在由她原來的下屬占據了。

假如你不能很好的排解鬱悶，任由這種不良情緒和心理發展下去，就有可能導致如下問題：工作熱情下降，產生厭職情緒，漸漸失去工作的衝勁和動力；刻意與同事保持距離；對工作的意義產生懷疑，甚至不相信自己的工作能力。這樣，你的職業生涯發展將會受到嚴重的威脅。就像上文中的米尼，假如能堅持一段時間，就可以看到柳暗花明。

為了保持個人發展的連續性，一定要科學合理的進行定位和規劃，進行知識和技能的補充，一鼓作氣突破玻璃天花板。

大學畢業後，Monica 從家鄉來到大城市，競爭激烈的局面讓她充滿了瓶頸感。為了提升自己，Monica 報考了經濟學研究所。碩士畢業後，她進了一家荷蘭倉儲管理有限公司工作。她的頂頭上司是一個猶太老闆，對她要求嚴格。可以說，她是在老闆的「罵」聲中成長起來的。如今，她已能獨當一面。

隨著Monica的成長，她的職位也不斷往上升。工作四年裡，她從最初的普通職員升到目前的業務主管。可如今她卻遇到了「玻璃天花板」帶來的痛苦。她所在的部門沒有設經理一職，也就是說，如果她還想繼續往上發展的話，就是副總裁級別的位置。然而，按照慣例，這些位置始終被荷蘭總部派來的老外占據著。工作中學不到新的東西，沒有挑戰性了，加薪的幅度也不如別人了，沒有出國考察學習的機會，職位的上升空間沒有了……Monica感到很痛苦。

假如「天花板」的形成是因為「公司慣例」——外商總裁、副總裁、總監級別的位置都由外國人擔任，公司更信任外國人，那麼，這塊「天花板」材質過硬，頂或撞顯然都行不通，此時跳槽不失為上策。以Monica所在的公司為例，假如她非要爭取打破「天花板」，結果很可能是「天花板」紋絲不動，自己卻粉身碎骨，這時候，不妨選擇跳槽，在其他公司尋求一個與原來相類似的職位，寄希望於環境的變化能夠解決這一問題。

而對於一般不甘願一直待在普通職員的位置上的職場女性的話，適當的掌握一些有關晉級的小竅門是十分必要的。要知道能力和業績固然在晉級途中有著極其重要的作用，但如果不注意技巧的話，常常會延遲甚至錯過升職的機會。參考下列定律，對你獲得晉升定會大有裨益。

1. 分析誰能勝出

這一步也就是要先了解競爭對手，所謂知己知彼，百戰百勝。雖然了解了別人你也不一定能取勝，但是如果對競爭對手毫無所知，你就更可能輸。起碼你可以透過對他人的了解，明白什麼條件才能獲得晉升，從而為下一次的晉升做好鋪墊，打下基礎。要知道，事先的準備永遠是極其重要的，甚至有著決定性作用。

2. 主動請纓，具體建議

在習慣於謙讓的我們看來，這樣做好像有點難為情。但是別忘了，現在是競爭社會，能者上任是社會的生存法則，要有積極主動的態度來對待自己的前途，而不是坐等天上掉餡餅。多數人的過分含蓄和謙虛，在現代社會往往會成為前途的絆腳石。不要因為自己是女性就自甘示弱，要有勇氣推銷自己，為自己謀得更廣闊的發展空間。

3. 突出工作的貢獻

做老闆的人往往最討厭那種一味追求個人私利的員工，他們不喜歡員工把自己的利益擺在公司利益前面，喜歡講「奉獻」，所以一定要讓老闆明白，你如果能得到那個職位，將會對公司做出怎樣的貢獻，這一點是非常重要的。千萬要明白，老闆之所以會擢升你，沒有別的原因，純粹是因為你可能會給公司帶來效益。公司的經濟利益高於一切，老闆不會任用一個滿嘴大話，而沒有任何真本領的人。

熟諳職場政治，化解晉升瓶頸

根據調查發現，三七％的人因為不懂政治技巧，而錯失高薪高職；一四％的中高層上班族善於利用「政治手段」把握自己的職場命脈。殊不知，不懂「政治技巧和手段」，你的晉升和紅包能有保障嗎？二十八歲的王軍是一所知名大學的資訊科系畢業生。第一份工作是在一家大型公司的系統整合部，專業對口，待遇也不錯。這份工作做了兩年多，王軍感到了疲倦，工作中毫無創新的重複工作讓他逐漸難以忍受，工作熱情也減退了。

幾經考慮，他跳到了一家企業做軟體工程師。雖然在薪水福利方面並沒有原來的好，但遂了自己的心願，他重新感受到了工作的熱情和成就感，在工作上進步很快，客戶的好評讓他深深的體會到工作帶來的快樂。當然，這一切也成為他晉升的重要籌碼，三年後，他已經升為部門經理，離副總經理只有一步之遙了。

年初以來，公司因為牽涉到一起惡意的誹謗，導致很多業務無法正常展開。公司陷入瓶頸，這讓高層主管頭疼不已。作為部門經理，王軍除了對合作客戶解釋個中原委，盡力維護公司在客戶心目中的形象之外，工作所剩無幾了。

三個月以後，公司借助主動的反擊，形勢終於有了變化，媒體上的負面報導多已經轉為同情。到了月底，報紙上的公開道歉終於讓這一場風暴圓滿化解。公司恢復了正常運轉，然而，王軍晉升副總經理的夢卻破碎了。因為在這場風暴中，同事周強提供了重要的反擊策略而讓上司賞識有加，破格從行政部經理升為總經理。要知道，在平時的工作中，周強並沒有什麼突出的引人注意的地方，偶爾還會因為一些私人問題和同事有些小的積怨，這次他突然晉升是王軍怎麼也想不通的。

危機既是危險，又是機會。作為企業的一員，是和企業在同一艘船上航行的，當企業遇到瓶頸時，每個人都要採取直接的、積極的態度去正視它，要挺身而出，表現出主人翁的精神，而不是被動消極的去面對。

王軍沒能晉升的原因主要在於他不能採取主動的態度直接面對危機。對於企業最高層的領導者來說，這樣的人在企業高層做管理者，是個很冒險的決定。瓶頸管理不是只有當瓶頸出現了以後才開始的所謂管理。從這個角度來看，同事周強的晉升就不難理解了，相對於企業的存亡，內部管理上的高明與否就是次要的了。而在對待這個問題上，王軍的軟肋很明顯的表現出來，而周強則表現出了很強的適應力，變危險為機會。

一般情況下，公司的策略目標決定了整個公司的前途命運，是否參與到其中來，對於你在公司的位置晉升速度等都有著非常重要的影響。參與其中，你才能變成真正意義上的重要人物，成為不可替代的人，才能被關鍵人物列入晉升候選人名單，最終得到升遷。

王軍在公司多年，還沒有完全把自己融入公司，不清楚公司上層的發展目標，不清楚什麼對公司是最重要的。在公司面對瓶頸的關鍵時刻，他沒有挺身而出，相反，周強能夠主動參與進來，並提出了重要的反擊策略，為公司轉危為安立下了汗馬功勞。在這個緊急時刻，他成為不可替代的人物，被作為關鍵人物列入晉升候選人名單也是理所當然的事情。

說到越權越級處理，大家往往有抵制情緒。職場人士也往往是明哲保身，不屬於自己分內的事情一概不管，只是一心經營自己的一畝三分田。殊不知，很多機運就這樣與你擦身而過了。

中低層人員做事，高層「做人」，看你這個人能否做得眼觀六路、八面玲瓏。否則，你就不能洞察先機，只能眼睜睜的看著機會從身邊溜走。

王軍和周強的兩種不同的處事方式，結果大相徑庭。當瓶頸來臨時，周強沒有把自己的工作和職責分得一清二楚，適當的巧妙跨越許可權，向上司提出了自己的看法，謀取晉升之路；而王軍把自己的管轄範圍分得太清楚了，固守自己的責任，不懂得變通，而錯過了晉升的最佳時機。

其實，在高層管理不因「責任」而工作。企業中講究職責分明、許可權清晰，但是在瓶頸處理過程中，最忌諱把責任分得清清楚楚。

因此，是否能在職場做得如魚得水，是否能夠得到主管賞識和提拔，通常取決於你對公司將來的發展有多大的價值和貢獻。然而，是否能將自己的才華與抱負等值的轉化成為現實價值，職場政治發揮著微妙的作用。善於利用職場政治，化解職場瓶頸，這將大大提高你的晉升速度和步伐。不懂職場政治，你將永遠與晉升失之交臂，也會使自己在職場上瓶頸四伏！

向核心業務線靠攏

職場暢銷小說《杜拉拉升職記》中闡述了職場人士在外企的生存法則，歸納起來，其中有一條就是要向核心業務線靠攏。在企業中，企業的行業不同，其核心業務環節也有所不同，有的是銷售環節，有的是市場企劃環節，有的是研發環節，有的是生產環節……總之最核心的業務線就是實現利潤最大化的環節，也是最重要的環節。

抓住公司中最重要的環節，也就是抓住了公司最得到重視的核心，也就找到了最具發展潛力的前途。公司的核心業務線擁有著最多的資源和最大的權威。依附在這樣的核心業務線上發展，最起碼不至於被邊緣化，還會受到老闆的重視而成為關鍵性的人物。因此，向核心業務靠攏便會遠離職業的瓶頸。

《杜拉拉升職記》中有一節寫了這樣的故事，主角杜拉拉辛辛苦苦工作，卻沒有得到老闆的注意，得不到老闆的賞識。於是杜拉拉苦思冥想，終於想到了一個辦法，她採取了不斷報告工作進程的方法，讓老闆時刻注意到她的存在，知道她的工作量和工作難度，從而使老闆意識到她的重要。果然，這種方法發揮了一定的效用，沒有頂撞氣頭上的老闆，便為自己爭取了公平。

現如今，很多年輕上班族雖然暫時在職場裡站住了腳跟，但在工作中還是會遇到很多的問題，就像杜拉拉那樣，整天忙來忙去，卻沒有人注意到你；儘管自認為工作能力相當強，可總是得不到老闆的器重；相同時間進入公司上班的，工作業績不相上下，卻偏偏別人升職了，自己還在原地踏步。這是為什麼呢？要怎樣才能讓自己改變這種狀況，迅速突出重圍，順利博得上司的器重呢？

唐娜是電腦公司的一名職員，總經理準備在她和另外一名職員中做出選擇，擢升一名業務總監，由於這兩人平時的業績都不錯，經理很難一時在兩人中做出抉擇。於是他打算先暗中考察一番再做決定。

有一天，唐娜和同事們一起去經理家聚會。玩樂之餘，經理和唐娜談了一些工作上的事，他們談得非常投機。經理透過這些交談發現唐娜的工作經驗非常豐富，能力也非常強，而且最重要的是唐娜對公司的核心業務駕輕就熟，談得頭頭是道。經理便問唐娜道：「假如這次把晉升的機會給你，你會怎麼做？」

唐娜信心十足的說：「我一定會盡我的全力，而且我覺得這份工作正是我所追求的，我相信我一定會做得更好……」

最後，唐娜被升職了，而且薪水也高了。後來同事們才知道，唐娜之所以能夠對公司核心業務了若指掌，是因為她平時就向著核心業務發展方向發展，她平時讀的書、看的資料，都是關於核心業務方面的，所以她早就了解了公司最核心的業務，因此有了晉升的機會。

貼近核心業務線對一個普通員工來說尤為重要。站在企業最重要的位置上，才會得到老闆的重視。一般來說，有事業心、有熱情的員工是最容易博得上司器重的。因此，作為員工在公司首先要有一個很好的工作態度，把公司的利益放在第一位，盡心盡力的完成上司交辦的各項工作任務，把個人利益與公司的利益緊密的結合在一起，才能取得主管信任，才能靠近公司核心，走向「雙贏」。年輕的應屆畢業生朱剛畢業後進入了一家剛成立不久的民營企業，剛開始他在一個部門經理手下做普通業務員。不過這個經理工作經驗閱歷十分豐富，人也很和藹，朱剛便有事沒事的接近這個經理，向他學習公司核心業務的經驗，有時還幫助部門經理處理一些核心的業務。

一年之後，公司規模擴大，部門經理升遷為副總經理，由於朱剛接觸的核心業務相當多，而且從經理那兒又學到了不少的經驗，於是公司便提拔他接替了部門經理的位置。此後，這位經理高升一級，朱剛就跟著踏上一級台階。最後，這個經理辭職出去自己創業，朱剛便直接升為公司的二把手了。

在目前，具備專業水準的職業規劃諮詢機構並不是很多，尤其是有些剛剛走上工作崗位的員工，很多人往往都處在一種盲目工作的狀態，產生「不知道自己能做什麼」、「不知自己要做什麼」等一系列問題和困惑，再加上整天默默無聞，更是無從得到上司的關注和提拔。

因此，現代的年輕人進入職場之後，要想接近核心業務線，你自己要有一個清醒的認識和做事的態度，這樣，你理性、專業、認真的職場形象才會給上司留下一個別樣的印象，使主管認可你、信任你，把核心的業務交給你來承擔。然後，你還需要熟悉自己的行業特點，然後朝著核心業務發展，這樣才能取得更大的成功和獲得更大的發展，才能博得上司的器重而擺脫職業瓶頸。

升職遭遇威信的挑戰

「兩個月前，得知自己要當主管後，我感覺整個世界都灰暗了。」坐在朋友對面的陶奕，雖然已經是一家跨國採購企業東亞區業務拓展部門總監，但是一說話還是典型的年輕世代流行用語，「其實我是『被升職』的，給我選擇我寧可回去做我的業務。」進入二〇一〇年後，最早的一批年輕人開始越來越多的進走上管理職位。然而在這批崇尚自由和個性的年輕人，多半不喜歡管人也不喜歡被管，他們大多面臨著不適應職位的尷尬。為此，一些企業採取「EQ培訓」等辦法來幫助他們完成角色轉換。

今年剛當上爸爸的陶奕，雖然承認自己的管理經驗還很青澀，但還是很想在「主管」職位上做出點成績。「今年四月，我的前任主管剛剛離職，離職前告訴我，已經向上面推薦由我來接任。當時，我完全沒想到，第一感覺是太意外了，太突然了。」

陶奕說自己兩個多月以來都在學習如何當一個「好主管」。「以前我是業務骨幹，更多的時候只要想著如何把自己的業績做上去就行了。現在更多的是考慮團隊協作，一個部門二十多個人，不是我一個人就能完成這些目標，怎麼帶動他們的積極性？怎麼把我工作中累積的經驗傳遞給他們？怎麼既要自己做得好，又要把團隊帶起來？」

既然做了主管，就要分配任務、調兵遣將，相應的抵抗就來了。「每個人都有自己的做事風格，有時候A做出來的方案可能就不是我要的，結果就引來了『你怎麼這麼難伺候』的指責；有時，B在規定時間沒能完成任務，我肯定會說他兩句，接下來幾天他就乾脆消極怠工了。」

對於手下這種有形無形的抵觸情緒，面對連續兩個月下滑的業績，陶奕也很無奈。同樣，「被升職」的還有年齡層相似的月月。出生於一九八五年的月月，畢業後就進入公司的企劃部，今年年初被升任專案主管。然而，拿著五位數的月薪，坐著中層領導的位子，對於月月來說卻是苦惱不已。「我手下的六個人跟我年紀差不多，都不服我管，平時我跟他們都處得很好啊，經常一起唱歌、吃飯、郊遊，可是一談工作、給他們分配任務量時，他們就敷衍我，經常不按時間完成任務。我到底要怎樣才能打動他們，在工作上配合我？」「我之前沒有做過任何管理層面的工作，現在真是茫然極了。特別是老闆一直在和我說，要我帶人，要培養團隊。」月月告訴記者，自己的精神壓力特別大，甚至要靠藥物才能入睡。「半年多來，我們小組積壓的專案有一堆，工作拖沓毫無效率可言。我經常半夜睡不著就在想，玩的時候都好好的，怎麼一工作就不對了？明天該做什麼，會不會有效果？他們再不配合怎麼辦？」

月月哭喪著臉告訴朋友：「我不只一次在會議室拍著桌子罵人，也不只一次哭得稀裡嘩啦求他們幫幫忙。」

一邊是老闆所謂的「要注意方式方法」；一邊是同事的「陽奉陰違」。如今的月月就像有上班恐懼症一樣，恨不得天天病在家裡。「不管遇到的是多大年紀的下屬，管理的方式都是通用的。管理就是一個理解需求的問題。只有先了解對方的需求，才能找到雙方能夠結合的地方，而不是簡單的給人去指派工作。」該公司人力資源部企業培訓科 Park 說：「在年輕世代群體逐漸成為職場中堅力量的同時，他們所表現出來的頻繁跳槽、欠缺團隊意識、情緒嚴重等問題，都可以歸結為智商高，情商低。」年輕世代站上主管舞台是不可逆轉的趨勢，怎樣幫助他們融入角色，勝任工作，就成了「Park 們」的任務。「今年我們的年終考核是直接跟公司十四名年輕主管的考核通過率掛鉤的。為此，公司特地請來了總公司的情商培訓師來做培訓。」而同樣有著年輕主管頭銜的 Park 也參與了培訓計畫。「道理大家都懂，但在日常工作中，總有控制不住的時候。於是，培訓師就教我們要控制自己的情緒，最好辦法是密切注意自己的心率，當心跳每分鐘快至一百次左右，就必須要調整心理了。比如做深呼吸，或是告訴自己，冷靜、冷靜，堅持三十秒，一分鐘……」Park說。

而針對月月的問題，培訓師也指出，年輕世代這個群體從小崇尚自由和個性，他們多半既不喜歡管人，也不喜歡被人管；即使被提拔到管理位置，也不願意擺主管的樣子，以為跟手下打成一片就能把管理做好。「確實我發現這是管理上的一個誤區，現在，我正在努力調整。試著把工作、生活分開，什麼時候擺『老闆臉』，什麼時候『示好』，有張有弛，恩威相濟。」

晉升為何成了「悲劇」

升職，往往伴隨著薪水的提高和職業地位的提升，是夢寐以求的好事。但James卻向朋友大吐苦水：升職了，壓力大了，煩惱也跟著多了起來。

半年前晉升為公司中層幹部，當時真有點飄飄然。雖然這次晉升有點突然，大家多少有些意外，但我在三十歲時得到這個晉升，心裡還是挺開心的。

可是，升職後才半個月，困惑就來了。以前部門的同事，現在成了我的下屬，開始刻意跟我保持距離，相處很不自然。安排工作任務時，他們的態度不怎麼積極，而其他部門對我的工作也有些不配合。

以前，採購部經理一直是很關照我的，現在態度卻不太一樣。有次在茶水間門口聽到採購部經理在跟他們部門的同事說：「他不就是運氣好做了幾個大案子嗎？升得那麼快！」

我想，老闆對我這麼信任，上任後一定要以最好的表現來證明公司提拔我的決定是正確的。我一定要更加努力。但事情似乎沒那麼單純，偶爾事情處理得不是那麼順利，以前的同事、現在的下屬竟然會不約而同揪我的把柄，甚至私底下到處風言風語；以前，做個普通職員，做好自己的本職工作就行了，升職後，我不但要在其他部門經理面前為本部門「爭地盤」「推責任」，還要與其他部門協調工作。

之前，我只需要負責公司的新產品研發，從未接受過任何管理技巧的培訓，這讓我有點缺乏自信；另外，自從升職後，我就沒了休息日，加班、出差是常事，我發現自己的記憶力開始下降，心情常常煩躁，喜歡發火。做每一件事都提心吊膽，生怕出紕漏。

我開始有種「內憂外患」的痛苦。除了上面說的「外患」外，還有「內憂」，那就是家人對我的不理解。老婆見我無暇顧家，還動不動就對她發火，終於忍不住向我「還擊」了。最激烈時，我曾連續一週沒有回家，就睡在辦公室。這件事一度讓我失眠。「以前，上班很開心，氛圍很好，有志趣相投的同事，但自從當上經理之後，我覺得上班簡直是種折磨，有時候，真覺得寧願回去做一個普通的工程師。」

從James的講述中，我們看到了他在晉升中經歷的痛苦、反常和極度的不適應。如果不是迫不得已，沒有人會把晉升看成是對自己的折磨和懲罰。我們不禁要問：面對晉升，James為什麼不快樂了？「被晉升」似乎是技術人員職業生涯發展中一個十分普遍的瓶頸。經過多個個案分析，生涯專家團隊總結出技術人員遭遇「被晉升」時的三大瓶頸：

1．角色難以轉換

我們知道，在所有工作中，管人是最難的。以前是平起平坐的同事，如今成為高人一等的上司，晉升後如何才能在同事中樹立起威信，實現身分轉換，這是新官上任後普遍受困的問題。同時，因為要適應晉升後新的工作要求，James 忽略了家庭生活，沒能將工作壓力較好的釋放，致使與伴侶的關係也處於危險境地。職位的轉換意味著能力和觀念的轉換。升職之後，工作的性質、壓力立刻不一樣。以前 James 只負責新產品研發專案的工作，升職後除了做好自己手上的本職工作，還要對手下的九個員工負責，並經常需要跟其他部門溝通協作。權力大了，責任和壓力也相應大了。角色沒有順利的轉換過來，James 難免會手忙腳亂，難以勝任。

2．管理能力不足

每一個職場人士的能力無非由三大基本元素組成：知識、技能和態度。技術研發職位與管理職位上所需的知識、技能和態度又是完全不同的。面對突然降臨的晉升機會，James 在管理能力上的不足很快暴露出來。管理能力不足，下屬都看在眼裡，James 很難樹立領導者的權威，做什麼都沒底氣，沒自信，又得不到他人的幫助，自然寸步難行。

3．職業定位混亂

James 所做的 MBTI 職業性格測試分析顯示，他性格偏內向、思維跳躍、邏輯客觀、喜歡探索新鮮事物，這與研發技術人員的職業特徵十分吻合，但處理人際關係或與人交涉的技能較弱。而他自己也表示：「我喜歡自己單獨處理工作，與供應商的溝通協調我不排斥，因為那樣能幫助我找到最合適的資料完成我的研發任務，但是讓我去帶團隊管理人，真的十分痛苦！」

由於缺失職業規劃，James 對於自己的發展幾乎是一片迷惘。他的晉升並不是源於自己喜歡做管理或者說勝任這個新職位，而是聽從公司的安排，被動升職。James 對自己缺乏清晰的職業定位，沒有很好的認識自己，同時對未來三至五年的職業發展路徑也較為混亂。這是 James 晉升到管理職位後出現困惑的根本原因。對於 James 來說，當前亟待解決的問題，是為自己重新做出職業定位，盡快從偏離的軌道上走回正軌。

通常來說，職場中只有做自己最擅長的工作才能創造最大的價值。James 是典型的研究型人才，適合技術型的研發工作，而非做與人打交道的管理工作。後來 James 決定盡快與老闆進行溝通，說明自己的職業興趣和定位，尋找技術型晉升的路線。

在 James 與老闆進行了一次開誠布公的溝通，老闆十分理解 James「被晉升」後的痛苦，也看到了他升職後工作並不順利的事實，答應會盡快重新考慮他的工作崗位，讓 James 在自己擅長的研發部門找到更好的發展平台。

職場中選錯職業發展方向的大有人在，超過七五％的職業困惑都是源自職業發展方向的錯亂。晉升，表面看上去很美，但如果跟個人的職業興趣、定位相悖，很可能會導致職業生涯的錯亂。因此，要實現完美晉升，找準定位並理性選擇自己的發展之路十分重要，別像 James 一樣，晉升了，卻丟了快樂。

完美職場升職計

對於正式跨入而立之年的年輕世代，事業進入新階段最明顯的標誌莫過於升職加薪。究竟要成為怎樣的員工才能讓老闆會主動找你談升職？面對升職機會，如何巧妙的爭取？職場專家和企業HR建議，完美的「職場升職計」包括以下幾點：明確職業發展規劃、業績出色、經驗豐富，又能運用正確策略與主管溝通，並表現自己。

1．職業規劃

付兵一九八〇年出生，英國留學回來後，從上市公司到主機板上市公司的子公司，再轉戰美國NYSE的上市公司的總部，職位則從法律部普通員工，到主管，再到更大企業的主管，最後成為總經理，職位提了兩級，薪資翻了四倍。

付兵對自己的職業發展計畫有明確目標，而且在每次應徵面試時，他都會跟面試官探討自己的職業發展規劃，並詢問在該企業可能的職位晉升空間。在他看來，升職的祕訣其實很簡單，就是「踏實工作，創新工作流程等等，另外就是繼續讀書充電，當然最主要的還是為人處世」，付兵舉了個很簡單的例子，「比如公司內訓輪到我的部門主管去，但主管想休假，而且以前類似的培訓已經有很多，那就自己頂上去參加一週的集中培訓」。付兵說，雖然外商大多有完善的機制，但升職更重要的因素還是直屬上司。

雖說升職是以老闆意志為主導的事情，但員工首先應在本職崗位上有出色的業績，甚至超出老闆的期望。在這一前提下，學會適時、主動來展現自己，讓主管層對自己有更好的了解和認可。

2．驕人業績

一九八五年出生的徐莎在目前這家公司的財務部已經工作了三年。前段時間部門主管離職創業，部門就剩下她一個人，主管的位置一直空缺，馬上就要有新員工上班，徐莎猶豫著是不是該在新員工到職之前和經理談談升職。

經理不常來公司，部門工作都是由主管安排，徐莎一直覺得埋頭做事，把工作放第一，和經理的熟悉程度也僅限於見面打個招呼問好。

所以，一想起要跟經理要求升職，徐莎心裡非常緊張，一是怕經理不了解自己的業務水準，另外一方面是擔心主管跟經理關係不好，而且主管離職創業多少也利用公司給他的職位和權利，經理會不會「厭屋及烏」。

其實這正是表決心的時候，應該利用這個機會表明自己認同該公司和老闆，表明未來也會珍惜這個公司和升職機會，給老闆吃個定心丸。可以把平時的工作記錄、階段性總結、曾完成過哪些重要專案或工作等列出來，出色的業績是最佳證明。

3．迂迴升職

研究所畢業後在房地產公司做企劃的許芸做事活力十足有衝勁，管理和業務能力很強，入職四年，與辦公室裡的老員工相比，還算是個新人，雖然工作做得最多，升職名額卻一直沒她的份，因為主管不喜歡她的處事方式。

許芸覺得遇上一個不投緣的主管，正好公司銷售部因為業務拓展正要擴編人員，許芸想迂迴一下，想辦法換個部門試試，因為銷售部的主管好幾次誇獎過她辦事俐落，考慮了幾天，許芸看準了一個恰當時機，和銷售部門主管表明了調職的意願，主管很歡迎，當即表示調動事宜全由他出面籌備。半個月後，許芸收到調職加升職通知單。

借助協力廠商力量達成升職目標是個很好的途徑。透過與協力廠商的溝通，可以是人力資源部門的力量，也可以是跟老闆親近的人，告訴老闆，你有升職的意願，而且具備承擔更高職位的能力，「借他人之口」達到加薪升職的目的。不過，操作時切忌「走樣」。此外，協力廠商的選擇也很重要。該案例中，許芸升職成功與否取決於該協力廠商主管的溝通技巧，還是存在一定的風險。

員工的成功離不開團隊中每個人的配合與支援。因此，團隊精神也是能否擢升某個員工時重點參考的因素之一。看其是否能為企業的整體利益有效的協調、溝通其他部門，或是幫助團隊中其他員工發揮自身特長，以保證公司和個人利益的最大化。此外，我們還會關注員工是否有比較強的學習能力，是否有計劃性，是否善於總結，是否能透過工作不斷了解認識自我，同時具有明確的職業發展計畫。

制度開明的企業都會鼓勵員工明確表達職業發展興趣目標，反對那些表面沒有非分之想，但內心卻極度渴望升職的做法。比如我們會鼓勵員工跟上司保持溝通，除每年的 review 之外，鼓勵員工在午飯或工作之餘跟上司溝通自己的想法，並透過正當途徑申請升職，之前可以先了解企業有哪些職位空缺，給上司一個建議，即使不同部門之間也是可以的，但不鼓勵為升職討好上司。

首先，提出升職請求不是丟臉的事。評估員工的發展潛質，有一個指標就是該員工是否有上升的願望。被拒時，員工要冷靜分析是什麼原因：是因為自我認知不夠，還是因為公司目前沒有合適的機會，然後再考慮怎麼做。思考一下自己是否認同公司的企業文化，企業是否重視人的發展，如果是，那麼金子總是會發光；如果不是，考慮自己為什麼選擇在這裡工作，有沒有除了升職之外更加吸引你的因素把你留在這裡。

總之，不要為了升職而升職，升職本身可能帶來經濟和面子上的好處，但每個人要考慮的是：自己是否已經做好了升職的準備？升職是不是唯一讓自己覺得擁有工作動力的因素？除了升職之外，工作環境，其他形式的發展機會等等，都可能是自我滿足的方式。

第六章 突破晉升的天花板

完美職場升職計

第七章　化解職業潛在瓶頸

「畢業後，三年進入管理層」、「五年個人帳戶存款達到十萬」，十年前的「年輕世代」用這樣的壯志豪情跨入職場大門，十年後的今天，他們與當初定下理想的職業發展目標相融合的寥寥無幾。他們腦子裡滿是迷茫，一邊渴望保持自己的個性，一邊又在思索如何改變自己，一展抱負。對於大多數年輕世代而言，不可否認他們的職業發展步入「瓶頸期」。

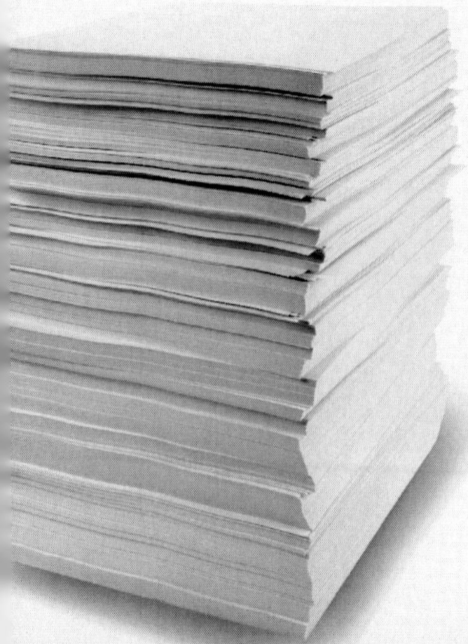

長江後浪推前浪

在當今職場，競爭異常殘酷，人們常說人在職場有「中年瓶頸」，其實未到中年，大部分年輕世代就已經開始了歷時更長，壓力更大的瓶頸，我們可以稱之為「中途職場瓶頸」，也就是能否保住自己職位的瓶頸。

長江後浪推前浪是很自然的規律，職場之中，新人替換舊人也是很常見的現象，這種新舊更替給資深的老員工帶來了巨大的職業瓶頸。那些職場新人一邊向老員工請教經驗，一邊將其視為「攔路虎」，暗中使勁一心要超過他們，這種氣勢洶洶、兵臨城下的士氣，讓那些老員工們如坐針氈，備感威脅。

由於近年來就業壓力的增大，作為職場新人，人人都知道自己的這份工作來之不易，所以他們會倍加珍惜自己的這份職業，會更加努力盡職盡責的工作。況且，初涉職場，新人往往初生牛犢不怕虎，懷著巨大的信心與動力，大有大幹一番事業的氣勢，他們想法新，幹勁足，年富力強，很多都是具備高才華高技能的人才，與老員工相比，新人唯一缺少的就是經驗，但他們卻常常都有著虛懷若谷的進取精神和努力學習的精神，他們無時無刻不在努力著、學習著。這樣，無形之中便給老員工造成了壓力。老員工多數心態已經平穩，精力和體力都有所下降，幹勁明顯不足，對快節奏、高壓力的工作和生活難免顯得力不從心。甚至還有些老員工的學歷和能力都很一般，如果工作業績也很一般的話，那麼他們就很有可能被新的員工所替代，面臨失業的瓶頸。

黃茹是三年前透過徵才活動而進入她現在工作的這家公司的。上班剛開始時，黃茹把本職工作做得非常好，且給人以踏踏實實、勤勞誠懇的好印象。辦公室裡的同事都很喜歡這個手腳勤快、笑容甜甜的女孩子。

但是，從去年開始到現在，公司的生意一直不景氣。因此在薪酬福利上始終沒有成長，甚至有些福利還給取消了。黃茹雖然也算得上是公司的老員工了，但是她的業績不但沒有提升，反而下降了。因為她心裡對公司有些不滿，自己來公司三年了，薪資只給漲了一次，就更別說晉級的事了，如今很多薪資以外的福利也沒有了，她不禁有些洩氣。於是工作熱情也沒有剛來公司的時候那樣高漲了，甚至有時就是在應付，業績自然不會高起來。不光這樣，她還覺得自己是公司的老員工了，她的工作經驗總比新來的員工多吧，所以她便無所顧忌，口無遮攔，常常私下裡和同事們抱怨公司，儘管沒有人告密，但她的主管也多少有些耳聞。

公司雖然採取了一些措施，但是生意依然沒有好轉，為了降低營運成本，公司決定裁員。在考慮裁員名單時，人事部主管對業務部的人員考慮了半天，最終，在大學生成堆的業務部裡，黃茹就成了「犧牲者」，接替黃茹工作的正是一個剛來公司兩個月的新員工。

當人事部主管把裁員通知交到黃茹手上時，她整個人都呆住了，因為她從來沒想過自己會被裁掉，更沒有想到公司居然用一個新員工來接替她的位置。她不想讓別人看出自己的醜態，影響到別人的工作，於是便躲到了公司的洗手間裡，過了很久她才把情緒慢慢平靜了下來。經過慢慢的反思，她明白了問題的所在，是自己工作上的不努力造成了失業的瓶頸。此時她才後悔不迭。

第七章 化解職業潛在瓶頸

長江後浪推前浪

臺灣著名音樂人黃舒駿對於新人就有一種瓶頸的感受。他置身流行音樂最前線的唱片圈十多年，每年都看到很多前赴後繼的新人，以數百張新專輯的速度搶攻唱片市場，稍不留意就會被遠遠的甩在後面。黃舒駿認為：老不是最可怕的，未老已舊才是最悲哀的事情。

面對不斷推陳出新的市場，只有不斷的學習和創新，才能不被拋出軌道。「我是個容易憂慮的人，每天都覺得自己不行了。」黃舒駿經常這樣說。也正是因為他有著這樣的瓶頸意識，所以才會在臺灣樂壇成為常青樹。因為他的這種憂慮，恰恰是讓自己進步的動力。

當一個組織內部來了新員工時，老員工當中一般會出現三類心態：其一，接受挑戰型，這類人心態較為開放，年齡增長，智慧也日增，就像熟女演繹變美麗為魅力的過程，依然保持著積極進取的勁頭；其二是排斥型，這類人缺乏安全感，總是想盡辦法壓制新來者，結果造成兩敗俱傷；其三是保守型，他們願意作為老人盡到傳承幫帶新人的義務，認為和平共處取勝。這三種心態中，只有第一種心態，才不會輕易遭受被替代的瓶頸。第三種心態雖然風格高尚，但是如果自己原地踏步，遲早也會淪落到被替代的下場。

因此，職場中人必須要保持永遠的瓶頸意識。不要以為自己是資深的老員工，擁有豐富經驗，就可以對自己放鬆要求了，就以為高枕無憂了。事實上，在未來的職場裡只有兩種人：一種是忙得要死的人，一種是找不到工作的人。所以身在職場，時刻保持一種瓶頸感，才能在優勝劣汰的生存法則中存活下來。

不要被老闆遺忘

工作技能是職場所有員工的立足之本，更是員工獲得高薪的必備素質。當今時代發展迅速，知識更新日新月異。一個企業要在激烈的競爭中站穩腳跟，還需要不斷學習改進，更何況一個普通員工，這是相同的道理。員工要想成長，更要在工作技能方面不斷提升，不斷補充新的知識和能力。

作為公司的「開國元老」，二十八歲的李悅在一家建築公司做設計人員已經工作有三年多了，幾乎每天都像頭小牛一樣，埋頭苦幹，天天泡在工地上加班。但是，這樣一個辛勤工作的員工，職位和薪水卻一直在原地踏步。和他一起進入公司的同事們都加薪了，李悅的心裡很不平衡。在心中漸漸升起的「懷才不遇」的想法左右下，他慢慢的失去了動力，人開始變懶散了。最近一段時間，聽說公司又要安排人員升遷了，他精神一振，以為這回肯定會有他。而結果又讓他失望，名單裡還是沒有他。他心中充滿了怨氣。

李悅以前一直認為，作為一名職員，做好自己的本職工作才最重要，這裡是私人企業，職員的一切都要取決於他的工作，否則沒有什麼好說的，自己踏踏實實努力工作就是了，可是做了好幾年，卻還在原地踏步，不能被老闆重用，彷彿被老闆給遺忘在了角落裡，無人問津。於是他決定不能再忍耐了，要主動找老闆談談。

李悅找到了老闆，說出了心中的怨氣。老闆看了看李悅，微笑著說：「要想獲得高的薪水和職位，你也需要具備更高的知識技能和業務水準。這三年來，你工作雖然努力，卻沒有新的突破，設計水準始終停留在三年前的水準，這讓我如何提拔你啊，我是看在你是公司的『開國元老』的份上，才沒有辭退你，所以你要回去反思反思才行啊！好了，你先回去吧，下次再來找我談這個問題的時候，一定別忘先要把業務水準提高。」

李悅羞愧的走出了老闆的辦公室。其實他不是真的被老闆遺忘在了「角落」裡，而是他自己把自己給丟到了「角落」。當今職場之上，像李悅這樣的人不在少數。因為自己沒有及時更新自己的知識和能力，結果導致了工作能力的下降，工作了幾年甚至幾十年也難以晉級或者加薪，被老闆給遺忘在了職業的「角落」，落入了職業瓶頸之中。

一個人只要掌握了新的專業技能，就掌握了職場競爭的金鑰匙，它可以用來開啟高薪、高職的大門。假如你能夠把自己的工作做得富有成效，為公司創造比你自身價值更大的價值，那麼總有一天，老闆會重視你，提拔你，給你相應的回報。薪資所得代表了什麼？自然是說明你目前的職位在公司的重要性如何、你的工作為公司創造多少效益。如果你的成績優異，工作也極富挑戰性、專業性和獨特性，工作技能超出一般，那麼，老闆肯定會視你為左膀右臂，自然而然，薪水勢必也會有明顯且令人滿意的提升。但有時即使有了知識也不能被老闆重用，這是為什麼呢？

有一個學經濟學的博士生，在學術界非常有名，曾經被很多家大公司爭相聘請，每家公司給他開出的待遇都非常高。可奇怪的是，這個博士生無論在哪家公司都待不長，總是不到幾個月，老闆就給減薪了。

他非常苦惱。於是就找到他的老師問：「老師，為什麼我到哪家公司最後總是給我減薪呢？我可是一個對工作非常認真的人啊。」

老師幫他分析了原因，終於發現了癥結所在：別人爭相邀請他，是因為看中了他的學問。可真等到了工作中才發現，他的學問只是個空架子，根本就不實用。而他呢，也經常死抱著自己的一套理論不肯撒手，用知識分子那一套紙上談兵的方法去工作。當看到他遲遲不能為公司創造經濟效益的時候，等待他的也只能是減薪或者辭退的職業瓶頸了。

這個例子裡所描述的情形其實也是知識瓶頸的一種，雖然這個博士生擁有一定的知識量，卻不能靈活運用，不能把知識轉化為工作技能，知識在他的頭腦中是死的，跟沒有一樣，這當然不會被老闆重用了啊！

這也就是說，只有你為企業創造了財富，企業才會給你相應的財富。對於任何一個公司來說，你的重要程度都不是由你的價值所決定，而是由你的使用價值來決定的。你的公司之所以支付薪水給你，是看中了你能為它創造利潤，你的工作技能可以作為平添你個人魅力的資本，只有當你將工作技能用來為公司創造效益的時候，才能得到公司的重視和獎勵。

因此，當你被老闆遺忘在「角落」的時候，你首先要從自身反省，反省你是否隨時更新你的知識和技能，你的工作技能是否有所提高了。如果沒有提高，最佳的解決方式不是去找老闆評理，而是先要不斷提高自己的職業技能，除了具有淵博的專業知識、嫻熟的職位技能、豐富的工作經驗外，還要具備高、新專業水準。所有的能力，既不是一開始就擁有，也不是一蹴而就，都是透過長期工作累積和學習得到的。只有與時俱進的不斷學習、不斷充實自己，你才不會陷入職業瓶頸。

一成不變是最大的危險

職場中有這樣一類年輕人：他們小心翼翼，永遠都不允許自己做跳出框架之事；他們按部就班完成工作，從不試圖打開新的格局；他們對主管、對同事都客客氣氣，就怕得罪了誰而鬧得大家不愉快。他們拚命維護著表面上的一團和氣，希望藉此換來一個安全穩定的工作環境。然而他們的苦心並沒有贏得想要的回報：在公司裁員時，他們很可能被列入黑名單；當單位內部有了升職加薪的好事，卻總是輪不到他們。這是為什麼呢？我可以很肯定的說：因為他們過於追求安全。其實，最大的危險是一成不變，那種從來不敢冒險、總是壓抑自己想法而向工作做出妥協的人，一輩子只能受制於工作，這樣原地轉圈，就算真的保住了手中的「飯碗」，卻也是暮氣沉沉、缺少活力。

這世界沒有絕對可靠的事：一個朋友，不是你珍惜了就能和你越來越好；一份工作，也不是你把握了就完全留給你來做。你想讓握在手中的變得持久，就得有自己的實力和吸引力。成功的人從來不會缺少朋友，能幹的人從來不怕沒有工作。你想要規避風險，就應該增加抵抗風險的能力，而不是害怕或者不去面對風險。

事實上，表面的安全往往潛藏著危險，而危險的處境往往有著最為安全的出口。那種害怕危險，總是企圖讓自己身處一個安全環境的人，意識不到危險裡面也潛藏著巨大的機運，在躲避危險的同時，也失去了讓自己成長的機會。

有的員工認為：在工作中千萬不能犯錯誤，否則就會給上司留下不好的印象，自己的處境也會變得危險。其實很多老闆是允許員工犯錯誤的，因為員工犯過錯誤之後總會變得更有經驗，這對公司整體發展也是有好處的。這裡有一個例子：說一個管理者非常擔心他會丟掉工作，因為就在剛才他犯了一個重大錯誤，造成公司損失十萬元。這時老闆對他說，「我剛剛為你的職業發展投資了十萬元，我為什麼要解僱你。公司為你交了學費，公司是在培養員工。」老闆把那些損失看成了替他交的學費，這讓他感慨不已，決定在今後的工作中更加努力。後來，他為公司多賺回的錢遠遠超過十萬元。

在工作中，你不必為了安全起見而強迫自己把每一件事都做得那麼完美，如果你犯了錯誤，也不必莫名緊張，你只要想辦法，解決眼前的問題，將損失降到最低，並絕不要讓自己犯類似的錯誤就可以。

美國3M公司近年實行了一項名為「工程師自主研究」的制度。該制度規定：本企業的工程師每天具有三十分鐘的自主研究時間，在實驗室中進行自己感興趣的專案研究和新產品開發。在3M公司流傳著這樣一句話：為了發現王子，你必須與無數個青蛙接吻。其實「與青蛙接吻」意味著失敗，公司對此採取支持態度，就是因為它對探索性失敗、創新性失敗、開拓性失敗都是可以接受的。3M公司營造出的這種「包容失敗」的氛圍，對於很多企業都是一個好的參考。多年來，3M從來沒有因為員工希望多做點事情，卻沒有做好而被懲罰的例子，倒是那些「做一天和尚撞一天鐘」、「不求有功，但求無過」的員工，往往會成為裁員時的首選對象。其實對於每個人來說，從前的失敗經驗都很可能成為未來成功的籌碼。而你若為了安全起見而不去嘗試新事物，反而很可能會讓你一事無成。

哈佛商學院教授理查．巴斯卡說，「二十一世紀，沒有瓶頸感是最大的瓶頸。」競爭激烈的現代職場，沒有瓶頸意識很可能讓你被淘汰出局。那種認為自身條件優秀而不願意去冒險的人，沒有瓶頸意識，也很容易被後來者超越。

有這樣一個故事：

一隻老鼠爬到房梁，不小心掉進了米缸。剛開始牠很緊張，縮成一團不敢動彈。過了一會兒牠發現這裡不僅很安全，還有大米可以吃，於是牠飽餐一頓。接下來的日子裡，老鼠幾乎忘記了自己身陷米缸，牠陶醉在這種衣食無憂的生活中，吃飽了就睡，睡起來就吃，再不想著要爬出去了。後來，米缸裡的米越來越少，終於有一天來人了，這只再也跑不出去的老鼠被輕而易舉的捉住了，就此葬送性命。

過於追求安全的人喜歡讓自己處於一個熟悉的環境中，而不去經歷風雨歷練，結果一遇到大的挫折，就會一蹶不振。這樣的人就算一輩子一帆風順，也是了無生機，沒有什麼特別振奮或者特別刺激的事情發生在他們身上。

還有這樣一個故事：

一條魚，從一出生就聽到牠的父母告誡牠，一定要安全的活下去，不要做違規之事，不要超越安全範圍，不要在離家太遠的地方活動，不要和那些不懷好意的魚接觸以免被陷害……這條魚只吃送到嘴邊的美食，牠沒有朋友，也沒有談過戀愛，沒有孩子，也沒有特別高興或者特別傷心的事。每當牠居住的那片海區有了天敵入侵，牠就縮在洞裡瑟瑟發抖，還好每次牠都能平安無事的度過危險。牠看著那些和牠一起出生的魚類，由於種種原因而不幸的離開這個世界，在嘆息之餘，更加堅信自己的生存哲學。牠活了很長時間，但沒有什麼特別讓牠印象深刻的事。在牠的一生中，唯一清楚的一件事就是要苟且偷生。當牠感到自己將死的那一天，牠微笑著對自己說：「生活其實就是個無趣的東西，我總算沒有辜負父母的囑託。」

這條魚是幸福的嗎？絕對不是。因為牠沒有過對於不幸福的體驗。牠的一生沒有波折，沒有起伏，沒有大悲大喜，就算長壽，也並不值得羨慕。

在工作中，你可以選擇安穩，也可以直接面對瓶頸。如果你只想要一份安穩，那麼你永遠享受不到奮鬥的樂趣，還很可能會逐漸失去抵抗風險的能力。而如果你敢於面對危險，並能想盡種種辦法反敗為勝，你就會有自己的成就感，你的工作之路也會變得更為圓滿。你如果想要證明自己、成就自己，那就不要害怕或者躲避危險，而要增強自己的實力，不斷挑戰自己，超越自己。

隨時可能丟掉「飯碗」

丟掉「飯碗」，無疑是年輕的職場人士最大的瓶頸。我們先看一個身邊的真實故事：

有位銷售經理名叫孫勝利，他很能幹，認識他的人都叫他老孫。老孫在某大型企業做了十年，是整個機電系統聞名的銷售經理。他頭腦活絡，人脈又廣，在該企業裡，他的位置可謂舉足輕重，至少很多人這麼認為。以前，他接到總經理的電話，一定會「聞聲而起」，以最快速度趕往總公司。而現在，他可以一邊和朋友們吃飯，一邊和總經理聊天：「趙總啊，我現在很忙，正在和客戶談話。」

就在二〇〇八年全球經受經濟風暴衝擊的時候，老孫的公司也進行了企業改制，老孫原以為有望再進一步，晉升為主管銷售的副總經理。但不知道是哪個環節出了問題，他不但原地踏步，繼續當他的銷售經理，而且還聽聞單位近期要進行裁員。

果然，沒過幾天總經理便找他談話，和他商談裁員的事，老闆已經決定，將公司的銷售部和宣傳部合併，並裁掉一部分員工，而老孫和宣傳部經理兩個人中，也要有一個改做普通員工，或者辭職另謀高就。老孫心裡當然明白，主管既然來找他談話，意思再明白不過了，而且談話中也暗含勸退之意，其實董事會早就定好要讓老孫離開了。老孫考慮了幾天，終於遞上了辭職信，他當然不願意再去做普通員工了。老孫在職時或許有些居功自傲，以為自己功不可沒，便不思進取，消極怠工，結果公司裁員便輪到了他的頭上。

裁員與被裁，在職場中是一件司空見慣的事，跟生老病死一樣平常。但對作為當事人的員工來說，被裁的滋味的確很讓人難受。

曾經有人針對跨國公司的高層進行過這樣的調查：如果可以將公司中所有他們認為沒有價值的員工都裁掉，那麼他們會裁掉多少人？結果顯示，這一比例占員工總數的六〇至九〇％！如果資料是真實的，我們就必須面對這樣一個事實：沒有人不可替代，我們隨時都有被裁掉的可能！

沒有人不可替代！多麼觸目驚心的一句話，更可怕的是，這還是鐵一般的事實，地球沒了誰都照樣自轉公轉。

就在二〇〇八年全球經濟風暴陰霾下，為緩解金融風暴的衝擊、進一步緩解財務壓力，很多公司都在進行大幅裁員。

例如，美國花旗集團在二〇〇八年上半年已經裁員約二點三萬人，而十一月十八日又再次宣布計畫裁員五點二萬人，這個數字約占其員工總數的七分之一，這個裁員計畫將使花旗裁員總人數突破七點五萬人。同是十一月十八日，香港上海滙豐銀行也宣布將裁減四百五十人。而此前，高盛集團已針對其逾三點二五萬全球員工啟動裁員一〇％的計畫，美林已裁員約五千七百人，約占其員工總數近九％，摩根也已裁員四千四百人。電信設備商諾基亞西門子也在十一月份表示未來公司將在全球裁員約八百二十人。世界第四大電腦伺服器製造商 Sun 公司同樣發表聲明稱，Sun 公司將在全球裁員五千至六千人，這個數字約占其職員總數的一五％至一八％。現如今，那些坐在外商辦公室的上班族已經不再用社群軟體相互探討股市的虧盈，而開始關注各自的前途問題了。

丟掉「飯碗」的瓶頸已經成為所有上班族的共同瓶頸，公司老闆和高層們為什麼要這麼殘酷呢？

其實，原因很簡單：他們不得不那麼殘酷。在經濟危機的背景下，一個企業所要面對的瓶頸，遠比一個職員所面對的瓶頸殘酷千萬倍。這一點從世界五百大企業名單中就能夠得到證實，因為每過十年，就會有超過三分之一的企業從這個名單上消失。如果連比爾．蓋茲都說「微軟離破產永遠只有十八個月」，那還有誰能夠認為自己的企業可以基業常青？當人人都在慨嘆華為如春天般的蓬勃茁壯時，華為的總經理任正非卻在企業內刊上發表了《華為的冬天》，讓大家做好迎接「寒冬」的準備。

如此強的瓶頸感當然不是拿來作秀的，職場上面臨的瓶頸的確就是這麼殘酷。在這一個危機四伏的時代，你如果沒有一種瓶頸感，下一個被裁掉的也許就是你。

墨守成規阻礙成功

有很多年輕人對當前的狀態並不滿意：他們受不了自己的生活過於平淡，不喜歡每天的工作單調而缺乏新鮮感，這時候，就得試著做出改變了。那種墨守成規的人，即使對自己有所不滿，也不會去打破僵局。他們意識不到正是種種形式上的東西，阻礙著自己取得更大的成功。

專門從事運動心理學研究的美國史丹佛大學教授羅伯特．克利傑在其著作《改變遊戲規則》中指出：「在運動場上，很多選手創造佳績，都是因為他們打破了傳統的比賽方法。」他認為：「突破思考是一種心態，可以鼓勵人不斷學習，不停的創造。所以，如果你想改變習慣，嘗試新的挑戰，那就突破規則，改變遊戲方法吧！」如果你仔細觀察就會發現：那些成功人士，不管別人說什麼，都會按照自己的思路行事，他們善於打破傳統規則，也因此改變了自己的命運。

一般人為了維護還可以過得去的狀態，都會拒絕做那些沒把握的事，結果過上十幾年，還站在最初的起點，當他們看到別人成功時，只會或者羨慕或者妒忌或者鄙夷或者自卑，而不會想著靠自己來打破當前的狀態，靠自己贏得同樣的受人尊敬的地位。所以一般人都很難成功，其實他們並不是沒有成功的潛質，而是他們自己強行抑制了自己的發展。

當你不再墨守成規，而是決定改變規則的時候，你就掌握了工作上的主動權。那麼，什麼時候你需要做出改變呢？我在這裡建議：當你實在沒有辦法從過去的經驗中找到有可能更成功的方法時，你就要邁出新的一步了。是的，求新求變可能會讓你陷入某種尷尬境地，但若你不肯努力，或者不夠相信自己，那麼你將很難得到更好的發展機會。

很多人總是在遭到大的衝擊時才想著去改變，而這時候往往是心有餘而力不足。其實，在你處於相對穩定的狀態的時候，就要有打破成規的勇氣，試著做些什麼讓當前的狀態變得更好。你應該是一頭運動著的獵豹，不斷奔向新的世界；而不應該是一隻坐在井底的青蛙，守著頭頂那一方藍天，以為那就是全部世界。

在你決定要做出改變的時候，也許會有很多人在你耳邊嘲笑你、懷疑你，或者故意給你出難題，阻止你變得比他們強大。這時候，你一定要堅持下去，因為如果你自己放棄自己，那就再也不可能打開新的格局了，而一旦你再次回到先前的隊伍，也只是徒落笑柄罷了。你不能給自己留下退路，而要一往無前，創建自己的規則，影響身邊的世界。

當你初涉職場，企圖表現自己的時候，一定會有一些老員工「善意」的警告你，要做這個不要做那個。如果你照著他們說的前進，那你永遠都只能活在他們的陰影之下。當然，那些正確的勸告還是應該聽一聽，畢竟在職場學會巧妙生存也是非常重要的一件事情。大多數人從來沒有想過要改變現狀，因而也從來沒有試圖挖掘自己身上的無限潛力。他們習慣用經驗分析問題，這使他們遇到新的事情時只會手足無措，而不敢輕舉妄動。

這世界上從來不缺少追隨者、依附者、模仿者，他們遵循舊的軌道，在輕車熟路中渾渾噩噩的對待每一天。而那些成功的人，卻善於另闢蹊徑，從而發現新的天地。每個人從生下來，除了自然本性之外，都是由模仿開始的，模仿著大人說話、走路、思考。但不久之後，一些人就跳出了常規思維，企圖打造屬於自己的獨特的世界；而另一些人則依然跟在別人後面亦步亦趨，永遠無法超越別人。

是的，在某些時候，跟隨是必要的，這可以讓你很快掌握某些行業中的特定的經驗，但如果你不及時轉變思路，那麼你的生存空間將會越變越小。李嘉誠說：「做生意主要有三種方式：一是創新，二是改進，三是跟風。創新吃的就是『一招鮮』，雖然不易，一旦使出來，卻費力少而收穫大；改進是在別人的基礎上做得更好，雖不易造成轟動，後勁卻很足；跟風是跟在別人後面亦步亦趨，這樣做起來較容易，風險也較小，但跟吃人的殘羹冷飯差不多，收穫有限。若想從小做大，最低限度應持改進的態度，不能老跟風，若有機會，也不妨創創新，來一個『一招鮮，吃遍天』。」仔細想想何嘗不是如此？這世界上從來都是那些敢於做出改變的人能夠更快的走向成功。

若你想在事業上有所成就，就要努力走出自己的路，而不要踏著別人的腳步前進，否則你只能受制於人。

一位姓楊的老闆在高速公路旁邊開了個飯館，但生意並不景氣。那些來來往往的眾多車輛從飯館門前匆匆開過，就是沒有誰肯下車光顧。這位老闆想盡種種辦法，比如打折、送湯等等招數來吸引顧客，但都沒有什麼作用，最後他只好把飯館頂給一個姓馬的老闆。馬老闆別出心裁的在飯館旁邊修建了一個很漂亮的公共廁所，並做了一個不收費的醒目牌子，許多客運司機路過這兒總要停下車，先讓乘客們方便方便，順便讓大家去飯館用餐。

從此飯館生意一天比一天興旺，吃飯的人越來越多。不到兩年，馬老闆的小飯館擴建成三層樓的大餐廳。在這裡，兩位老闆都想了辦法，第一位老闆只是採用常規方式，從飯館本身入手來思考問題；而第二位老闆卻不墨守成規，而是換個角度思考問題，結果取得了成功。

那種總是考慮別人的意見，而不從自己的特點入手來解決問題的人，是很難擁有自己的特色的。一位成功的企業家這樣說：「一項新事業，在十個人當中，有一兩個人贊成就可以開始了；

有五個人贊成時，就已經遲了一步；如果有七八個人贊成，那就太晚了。」正是這樣，當你考慮太多別人的感受時，就會失去自己的主張。墨守成規只會阻礙你的成功。

被譽為「世界上最偉大的推銷員」的喬·吉拉德講到：「我曾經長期從事汽車銷售工作，而且做得相當出色。對我來說，推銷員的工作能讓我得到很大的個人滿足。在我的幫助下，許多人得以擁有一輛可靠、舒適、安全和價格適中的新車。但在我的汽車銷售生涯中，我依然不得不面對一些改變。譬如說，為了應付一九七四年石油禁運的突發情況，我不得不對銷售手法做了一些調整。在過去那些日子裡，汽車工業發生了許多技術上的改革。身為汽車推銷員的我，自然需要隨時對汽車有新的認識。所以，銷售汽車絕不僅僅是尋找買主、下訂單那麼簡單。」每個人都應該及時調整步伐，走到更為寬闊的道路上，為自己的事業打開新的格局，而絕不應該用老一套的方法做事。因為在新的時代，不進步，其實就是倒退。

在職場中有一些人，也意識到了變革的重要性，也希望讓自己的生活發生改變。但當他們真的要邁出那一步的時候，卻又猶豫了，因為他們缺少打破常規的勇氣，害怕沒人理解，害怕不被支持。其實，千里馬在前進的時候，可能還要先退後幾步，以得到更好的助力，在前進的路上跑得更快。而當你想要打破規則的時候，也千萬不要隨便放棄；當你在改變的最初發現自己沒有得到想要的收穫時，也不要讓自己沮喪。

這世界從來不缺少墨守成規的人，他們沒有自己的創造力，或者有過一些新奇的念頭，但又覺得那是異想天開，沒有什麼成功的可能。他們一輩子，只會跟在別人後面，做別人吩咐做的事，這樣的生活雖然安全，但又有什麼意思呢？

日本「經營之神」松下幸之助，就是一位勇於打破常規的企業家。每當人們問及他成功的祕訣時，他總是淡淡一笑，說：「我靠的是比別人稍微走得快了一點。」一九一七年，松下幸之助在確立自己事業的方向時，靠的就是一種強烈的超前意識。他和電器本來沒有什麼緣分，他的祖先經營土地，父親從事米行，而他本人進入社會時首先也是涉足商業。然而他深信電作為一種新式能源，在給人類帶來方便的同時，也會帶來更多的欲望。燦爛的電氣時代如同電燈一樣將會照亮人類生活的每個角落，因此投身電器製造也一定會前途燦爛。他堅定了自己的想法並付諸行動，在創業初期，他就遭到了一定的挫折和打擊，但他絕不允許自己後退，而是轉變思維，打造了自己的競爭優勢。在他的帶領下，「松下電器」不斷壯大，成為世界最著名的企業之一。

其實當你決定打破常規的時候，就不應該再有所猶豫。猶豫越多，你就越無法邁開腳步。而一旦你心無旁騖的堅持下去，就會發現思路變了，你可以選擇的天地更寬了，你的世界也越來越精彩了。一個哲人說：「你只要離開人們常走的大道，潛入森林，你就肯定會發現前所未有的東西。」是的，你只要跳出傳統守舊的觀念，做出一些小小的改變，就會發現前面有驚喜在等待你。

著名的建築大師格羅佩斯設計的迪士尼樂園主體工程竣工後，他對園內景點與景點之間的小路不甚滿意，修改了幾十次，都不太理想，於是只好放下這項工作到國外去度假。

一天，他在法國南部的一個葡萄園門口，發現買葡萄的人絡繹不絕，人們只要往園門口的箱子裡投五個法郎，便可到園子裡隨意摘上一籃葡萄，這種任意採摘的方法，吸引了許多過往的人。

格羅佩斯看了頓生靈感，當即電話通知樂園施工者，在園內撒上草種，提前開放。園內小草長出來了，在沒有道路的景點與景點之間，遊人踩出了一條條小路。第二年他按照踩出的痕跡，鋪出了人行小路，這些黃色小路點綴在綠草之間，縱橫交錯，幽雅自然，美不勝收。後來他的設計獲得了一九七一年國際藝術最佳設計獎。

走在別人的前面

在競爭激烈的職場上，一紙文憑的有效期是多長時間？當你必須向別人出示你塵封已久的證書時，是否會怯場，感到心裡沒有底氣？你或許曾經以學歷傲視群雄，但學歷在飛速「貶值」的今天，找到工作就一勞永逸的體制已成為歷史，假如你想僅僅憑藉原有的文憑在職場上立足幾乎是不可能的。

現在，你是不是已經發現，公司裡臥虎藏龍，而你已經被湮沒在角落裡，岌岌可危了？是不是發現上半年還什麼都不是的後生小輩，已經讓你刮目相看了？那麼，作為一名職場人士，我們怎樣面對這變幻莫測的競爭世界？又如何選擇充實自己的確切方向呢？

美國職業專家指出，現在職業半衰期越來越短，假如所有的高薪人士都不學習的話，無須五年時間就會變成低薪。據有關專家統計，二十五歲以下的從業人員，職業更新週期是平均每人一年零四個月。比如，當十個人中只有一個人擁有電腦初級證書時，他的優勢是明顯的，而當十個人中已經有九個人擁有同一種證書時，那麼他原有的優勢便隨之不復存在。

曾有人這樣形容現代職業人的競爭環境：「每一條跑道上都擠滿了參賽選手，每一個行業都擠滿了競爭對手。」在人滿為患的跑道上和擁擠的行業競爭通道中，怎樣才能將職業瓶頸拋在身後，成為一匹黑馬，成為令人羨慕的領跑者呢？最簡捷的方法就是比別人多學習一點，走在別人的前面。

那麼，要怎樣才能走在別人的前面呢？其實說起來容易做起來難。要走在別人的前面，首先需要的是天長日久的知識累積和持之以恆的進取精神。只有你不斷的充實自己，不斷提高自身的能力和素質，再加上你工作時的積極表現和敬業態度，做出讓人無可厚非的業績來，這樣你才能得到老闆的賞識，才能在競爭中跑在前面，把職業瓶頸甩給別人。

張逸是去年畢業的大學生，他受聘於一家商貿公司。從上班的第一天起，張逸便時時叮囑自己，要做一名好員工。張逸每天在完成自己手頭的工作後，總是習慣為第二天的工作做好準備，還利用業餘時間查找資料學習專業的知識。對此，同事們都不以為然，其中一些人還笑他傻，甚至有人對他說：「喂，張逸，你這麼積極主動幹什麼，明天的事明天再做也不遲呀！再說，老闆也不知道你一天到底做了多少，你這是何苦呢？」

面對同事們的嘲笑，張逸並未放在心上，他仍然每天做完自己的工作後，又開始為第二天的工作做準備。

前不久，老闆突然來到辦公室，對張逸說：「我下午要去紐約，參加一個國際性的商務會議，我讓你們準備的那份法文資料是否準備好了？」「啊？法文資料？」辦公室主任遲疑的說：「你不是說明天去嗎？所以，那份法文資料我還未讓他們準備呢。」「我原計劃明天去，但主辦單位突然改變了時間，我必須在今天下午就得動身。再說，這件事不是一個星期前就交給你去辦理了嗎？」老闆怒氣沖沖的說。「老闆，你需要的法文資料我已經準備好了。」張逸從抽屜裡拿出已準備齊全的資料，遞給了老闆。「好樣的，小夥子！」老闆轉怒為喜，拍著張逸的肩膀說，「你能提前做好手頭的工作，就證明你是優秀的。」

一個月後，老闆宣布，原辦公室主任被解僱，新任主任就是張逸。

毫無疑問，張逸之所以得到老闆的青睞，關鍵在於他能走在別人前面，並出色的完成工作。工作中就是這樣：平時的努力加上積極的工作態度，每天在原有速度上提高一點點，時間一久你就會走到別人的前面。

姚夢茹在一家服裝公司做銷售工作，業績一直不錯。可是公司為了開拓第三市場，決定減少服裝的生產量，裁減員工，以達到壓縮成本的目的，資金被轉向了第三產業——房地產業。現在，所有員工都面臨著被裁減的危險，大家都人人自危。銷售單位要裁去一半人員，這不能不讓所有銷售人員心裡打起鼓來。大家平常工作都差不了太多，誰走誰不走呢？

面對這種情況，姚夢茹卻鎮定自若，似乎並沒有太在意。最後的結果是銷售部人員走了一半，副主管也被辭退了，而姚夢茹升任了此職。

原來，姚夢茹在平常的工作中，就十分注意整理所有客戶的資料，又利用業餘時間學習程式設計工作，為公司建立了一個龐大的資料庫。這個資料庫的建立為銷售管道的正規化提供了科學的依據，大大的提高了工作效率。早在一個月前，姚夢茹就向主管拿出了這個資料庫，得到了認可，正在等待討論資料庫方案的通過與實施。

升職後的姚夢茹除了將銷售方式正規化外，還積極聯繫境外的銷售客戶。當第一次與義大利出口貿易簽單時，總經理發現姚夢茹竟能用流利的義大利語與客戶交談，不禁更加對她另眼相看。不久姚夢茹理所當然的升為副總經理，成為公司的骨幹。

可見，要想避免職業瓶頸在你的身上發生，你就要時刻都不能忘記為自己充電，只有走在別人前面，瓶頸來臨之際，才不會落在你的頭上。

職場沒有獨善其身

很多年輕人初入職場時，對公司的文化、制度、氣氛、環境等等都頗有微詞，尤其不滿意公司的「潛規則」，比如要對主管畢恭畢敬，要勤學好問而不能等著上司告訴你做什麼，要見機行事，要摸清每個主管的脾氣……這種種發現讓他們苦惱不已，但他們又做不到對每個同事「笑臉相迎」或者「奴顏婢膝」。

不久之後，一些人逐漸被同化，左右逢源混得人模人樣；另一些人則獨善其身，認為遠離一些糾紛就是上上之策。其實你若想做出自己的成就，那麼獨善其身是絕對不可行的。當然你也不必刻意對誰曲意逢迎，你可以有自己的原則，卻也要做出適度的妥協，最好和每個人都打好關係，這可能不會帶給你直接的好處，但肯定也不會給你帶來壞處。

不管什麼類型的企業，在成長過程中都有其自身獨特的文化，而企業的領導者也會有不同的個性，你如果不接受這一點，不去主動適應，卻希望別人來適應你，那你恐怕是要失望的。

身在職場，你要有一定的「順勢而為」的意識，只要不是原則性問題，都可以採取包容的態度。要知道，你喜歡的事不一定正確，你不喜歡的也不一定錯誤。你沒有必要和周圍的世界公然抗衡，這是費力不討好的。

王麗加入一家企業三個多月了，可是很多事情讓她苦惱並困惑不已，這和她的穿衣以及化妝有關。剛來不久，她的上司就對她說：「我們這個企業的特點就是淳樸和樸素。你穿衣打扮最好樸素一點，最好別化妝！」這讓王麗很不高興，這個企業怎麼這麼多事，穿衣服也管啊！剛開始時她還沒有什麼特別理會，認為這其實是無傷大雅的。但上司多次提醒她不能描眉，不能化唇線和口紅。王麗忍了忍，選擇了妥協。

不久，炎熱的夏季到了，年輕的王麗抑制不住漂亮衣服的誘惑，買了一件露背的吊帶裙子穿著上班，沒想到卻挨了女老闆的訓斥：「年紀輕輕的，怎麼這麼不注意形象，暴露的就漂亮啊！回去換件衣服再來！」可王麗控制不住自己的情緒了：「這工作我不幹了，可以了吧？」

其實王麗喜歡打扮沒有錯，但在工作場合，還是應該注意形象，如果連這點委屈都受不了，又怎麼能讓上司相信她會安心做事呢？在職場，你應該深層思考自己的處世方法中有沒有太自由散漫的地方，你不能只憑藉自己的喜好行事，而要適度考慮別人的感受。尤其是當你比你的上司外在條件出眾時，說話做事就更要小心，因為他們絕不允許你搶走他們的風頭。而當你自身條件不那麼出眾時，就更不應該自由散漫行事了，不然很可能隨時被上司炒掉魷魚。

其實很多時候，只要你做出一些小小的妥協，是可以很好的適應公司文化的。你試著分析一下：一個靠夫妻倆路邊烤羊肉串起家而成長起來的企業，很可能十分注重成本節約，企業文化簡單直接，很可能不接受年輕人隨意浪費的生活習慣，在進入這樣的企業之前，你就應該有心理準備，否則就有可能牢騷滿腹；再比如韓商企業，其特點就是殘酷的服從法則，這個民族的文化中有男人為中心的思想，追求名譽和地位，講究效率和速度，但這樣的企業對尊嚴是淡化的甚至是漠視的，更不要談什麼人情了。如果你不能接受這一點，那最好還是及時止步，不然只會讓自己陷入痛苦。

現代職場，你可以有自己的堅持，但若你想要維護的東西越多，你的羈絆就越多，你可以選擇的職業空間相對就越小。有一些公司內部的事，並沒有強行規定，你如果執意要我行我素，那也沒有誰可以藉故請你離開。但你如果因為一些無關緊要的事情而得罪一些人，那恐怕就要得不償失了。那些被你無意間得罪的人萬一想方設法找你的麻煩，那你也是很難應付的。俗語說「明槍易躲暗箭難防」，你可能無心招惹誰，但你的隨意，可能無意中已經讓別人不滿意了。在職場這個大環境，你永遠不可能獨善其身，你最好還是做好準備，積極主動的去適應它。

如果你的公司內部已經形成了某種「風俗習慣」，就說明它有一定的合理性，不會因為你的

職場沒有獨善其身

不習慣而改變。它往往受大多數員工的尊重，如果你觸犯它，它就很可能讓你碰得頭破血流。比如說，你上班遲到幾分鐘，可能有人認真追究；但如果你觸犯了公司預設的規則而被人盯上之後，你的遲到就很可能會成為讓你離開的藉口。而你若故意藐視公司默認的氣氛，也很可能遭到其他同事「群起而攻」，最終把你搞成「孤家寡人」。

事實證明，年輕世代的職場新人要對抗公司裡一些約定俗成的東西，不僅做不到，還很可能讓自己吃苦頭。說公司的風俗習慣是對是錯，都沒有實際意義；對於公司的潛規則，適應才是硬道理。

有人說，當你進入職場，就擁有了「雙重身分」：你的第一種身分就是你的工作單位和職務；你在職場的第二種身分，就是你在待人接物過程中表現出來的習慣和修養。雖然你的第二種身分是無形的，但在職場上往往比你的第一種身分更受關注，因為它反映出你的社會價值。所以，你一定要有第二種身分的職業意識。

不管怎麼說，你要想在工作中獨善其身，是很難很難的。你隨時都得和人合作，來幫助公司完成整體進度。如果你只做自己喜歡的事，對於分配下來的任務挑三揀四；或者只按照自己的喜好行事，而不考慮別人的感受，都可能讓你陷入孤獨中。長此以往，你將喪失自己的威信，也很難交到真正的好朋友。因為你的獨善其身，很可能耽誤自己的前程，把別人也拖下水。若即若離，不遠不近，有一句話說，「職場中沒有朋友」，這並不是說人心叵測讓你防範什麼，而是提醒你注意，不要將家長裡短帶到工作中，也不要向同事說起你的私事、因為那樣顯得你很無聊。上班時間大家就是要工作，就算偷懶也不應該太過囂張，如果你的一切私人問題都被亮在辦公室，那只會讓人覺得你太過隨便，你也很難得到同事真正的尊重。這就要求你和同事以及主管保持一種「若即若離，不遠不近」的關係，可能一開始你很難把握這個尺度，但是只要你謹言慎行，就能逐漸領會到其中真諦，也能更好的適應職場生存。

很多在校大學生，尤其是一九八〇年代以後出生的學生，從小享受獨生子女待遇，沒有經歷過苦日子，也不了解生存的不容易，到社會之後，就很容易以自我為中心。他們大多數人有個明顯的特徵：陌生人面前很生分，熟人面前卻有很多話聊。一旦他們進入職場，也很難把握適度交往的原則，要麼和人非常疏遠，要麼和人過於親近。當然，每個人都有權利追求自己喜歡的方式，也有權利決定拿出什麼樣的態度對待身邊的同事、朋友。但若你過於愛恨分明，和誰絕對不往來，或者和誰絕對很親密，那就需要注意了。

在職場，該注意的細節一定要主意，該相處好的關係也絕對不要弄糟。一些人並不在乎這些細節上的問題，認為沒必要違心惺惺作態。其實打好人際關係也是一種藝術，現代社會人脈就是錢脈，你要想實現自己的夢想，就不可避免得借助別人的肩膀往上爬。如果你不在平時把人際工作做到位，關鍵時刻很可能被人摔下去。

小王進入職場工作將近半年了，她很勤奮，常常加班，但頂頭上司很少表揚她，好像對她還頗有不滿，小王很是鬱悶，不知道哪裡做得讓主管不滿意。有一天，公司通知她去參加一個禮儀培訓課，回來時主管對她說：「這回該知道為什麼派你去了吧！你平時對這些日常的禮儀很是忽略，也可能是不太熟悉這些！希望你能逐漸培養起職場的禮儀習慣，要不是你工作很認真，你可能會失去在這裡工作的機會，明白嗎？因為禮儀是企業的形象和門面！」

小王對照自己的行為做了反思，不免感慨萬分。她平時從不刻意和誰打關係，沒想到這會被上司認為是不懂禮儀、不尊重同事的表現。她想起上司進辦公室來說話，自己仍然坐在那裡；平時開會她從來不帶工作日記本；早上在電梯見到同事她只是點點頭，便繼續聽自己的音樂；路上看見主管她更是裝作沒看見，以免上前打招呼……

想到這裡，小王若有所悟，但又覺得委屈不已。她總認為：天天見面的同事至於那麼多禮儀嗎？又不是見客戶；在單位人人都是平等的，為什麼要站著和上司說話……小王想：「這個單位的風氣真是虛偽，不尊重人的尊嚴，只會搞形式主義。」不過小王也發現：和同事太生分了也確實不好，這以後小王做出了適當的改變，主管也對她的表現給予了充分的肯定。

其實即使在自然界很多物種之間，也都是有等級之分的，那些表現好的動物在整個群體裡總是更受尊重。在公司，你也許看不慣某個主管或者同事的人品，但你也要清楚，每個人身上肯定都有著他的優點，你不必勉強自己喜歡誰，但一定要尊重別人。只要你身處職場，就不能避免要和人打交道，那麼為什麼不稍微妥協一下，和大家打好關係呢？

你不能太冷漠，但也不能太熱情。過分熱情的人會給人留下「虛偽」的印象。在生活中也是這樣，那種冷冰冰的人註定孤獨，而那種對誰都很親熱的人也很難交到知心的朋友。歷史文化中本來就存在著本位文化的核心層和利益團體，有的人希望進入核心群體，使自己也受人注意，若不能實現這個目的就會有巨大的失落感，進而攻擊這種文化的虛偽性。其實大可不必，不管在工作中還是在生活中，若即若離不遠不近都是最好的距離。這也就是現在流行的說法：「半糖主義」。如果你能堅持這樣的觀點，那麼你既能表現出自己的甜，也不會讓人感到發膩。如果你能尊重市場化的規則和文明約束，就不會自尋煩惱，坎坷不斷了。

在職場生存，不要太計較「虛偽」，也不要太強調「尊嚴」，在你沒有成功以前，這些都是虛幻的東西，除了讓你自己陷入舉步維艱的境地，再不會有什麼好處。

第七章 化解職業潛在瓶頸

職場沒有獨善其身

第八章 挑戰你的職場壓力

「年輕世代」當中，有些人是家裡的獨生子女，當他們今天步入職場後，面臨著與其父輩截然不同的生存境遇，承受著隨時可能被淘汰的壓力。「年輕世代」的職業壓力通常源於職業發展、任務量及難度、人際溝通、角色衝突和環境等多種因素，而超過六〇%的員工則表示，職場壓力讓他們心理和健康受到困擾。

英雄無用武之地

職場中，有些員工談技術一套套，論專業極具水準，學歷夠高，見識不少，而且大多年富力強、精力旺盛，但是若干年的職業生涯卻並沒有使他們進入高收入階層的行列，在公司位置與整個人生的金字塔結構中，他們仍處在底層，不僅與富裕生活無緣，還常常面臨裁員失業的瓶頸，問題出在了哪裡呢？

周潔畢業於某知名大學行政管理科系，在大城市找工作四處碰壁，這種經歷讓她覺得疲憊不堪，一談起找工作則是滿臉的焦急。「我都已經沒信心了，」她對朋友說，「本來以為憑藉自己的文憑很快就能找到工作，沒想到拖了這麼久。再拖下去，我就撐不住了。」

一匹上乘的千里馬，如果不把牠用在疆場上，牠的作用也許還不如一頭耕地的牛。為什麼我們身邊會有這麼多「無用武之地的英雄」呢？這裡面有主觀因素也有客觀因素。我們可以先看一看到底哪些有能力的人容易失業，大致可以歸納為以下幾種類型：

1．「萬金油」型人才

這類人可以做祕書、行政、企劃、公關，甚至去做市場、做企劃、做管理也未嘗不可。這類萬金油型人才最大的特點是「多一個不很顯眼，少一個無傷大局」，正因為不是非有不可，不是少了一個人，公司就運作不起來，就最容易在公司稍微有一點變故的時候被辭退。

2．低複雜程度型人才

這種人才所學科系的技術性專業內部又分有不同的等級。隨著科技的發展，低複雜程度的技術越來越普及，企業養一個高複雜程度的就可以代替好幾個低複雜程度的，這類專業的高學歷者向高階工人過渡，容易被公司因節省人力成本而辭退。

3．書呆子型人才

這類人才中不乏高學歷者，書呆子型人才失業的人數最多，缺乏適應和創新能力。有一家顧問公司人力資源部諮詢高級顧問楊小鬩，她說她曾經和一個學人力資源的博士共事過，這個博士的工作操作能力太差，讓他通知幾個人開會，他會通知一上午，寫一個幾百字的文件也會想上半天，思維跟不上公司運行的實際，最後只能被辭退。

4．「自以為是」型人才

這類人才多數都持有較高的學歷，自認為掌握的知識比誰都多，一開始會被公司視若珍寶的「頂尖人才」，但個性較強、太自負，造成人際關係僵化，在工作中自以為什麼都對，其實不切實際，還心不在焉、不求上進。最後公司多會在萬般無奈之下，請其另謀高就。

5．「高不成低不就」型人才

很多有能力的人才並非真的什麼工作也找不到，只是期望得較高，理想中的好工作找不到，又不屑於從事低階一點的工作，自認為是高階人才，認為僅為生存而工作是可恥的，認為去當普通職員、推銷員、做服務生、做店員……是丟人的行為，架子放不下來，如此就只能失業。

以上幾種人才之所以「英雄無用武之地」，是由於他們自身的主觀因素造成的。另外還有客觀的因素，「僧多粥少」的就業趨勢，和有些單位人事制度的不健全或者老闆不懂得用人之道，也就是所謂的「千里馬常有，而伯樂不常有」！

去年，李爽經過面試到了一家廣告公司上班。上班一開始，李爽的熱情高漲，不斷有新的創意提出，然而一段時間後，李爽發現自己創意的死亡率極高，這讓他十分納悶。

一次，李爽拿出了一個很不錯的方案。起初老闆興致很高，頻頻點頭，等到表態的時候，態度卻冷淡了下來。眼看計畫又要胎死腹中，李爽十分著急，他知道問題肯定是卡在老闆不願說明的地方了。李爽從頭到尾仔細思考了一遍，他覺得老闆最緊張的應該是資金問題。

於是李爽找到老闆說：「企劃案既然沒問題，我們不妨找幾家相關單位贊助，一石二鳥，互惠互助。」老闆聽後，頓時眉開眼笑，當即拍板通過了這個企劃案。如果不是李爽腦子靈活，這個企劃案可能就因為資金問題被這個笨老闆永遠扼殺在搖籃之中了。于浩也是這家廣告公司的設計職員。他就沒有李爽那麼幸運了。他本來在他的職位上做得很好，但老闆突然調他到一個偏遠地區改行去開發業務，而偏偏那個倒楣的地區各種條件都非常差。為此，于浩十分不滿，他說：「我工作這麼努力，一直都盡職盡責，但現在不但沒有升遷，反而將我調到了那麼糟糕的部門，而且又讓我丟掉本行改做業務，這不是明擺著讓我主動辭職嗎？」

考慮再三，于浩終於沒有辭職，因為他知道當前就業的壓力有多大，自己剛剛工作才半年，沒有累積多少擇業優勢，在這裡雖然苦一點累一點，但還能保障最低的生活來源。沒辦法，碰上這樣的老闆，他只有忍耐，只能慢慢的等待著真正「伯樂」的早日到來。

儘管很多人都是具備工作能力的人才，並且不乏優秀的人才，但是在當今競爭激烈的就業大潮中，也同樣存在著就業的瓶頸，不管是主觀的因素還是客觀的因素，都會影響到你的就業，因此即使你是「英雄」，也同樣會「無用武之地」。

畢業即失業

在市場經濟條件下，人力也成了一種資源，也受著市場供求關係的制約。對於當今的大學生來說，最大的問題就是就業問題。在當今這種「以財富論英雄」的社會風氣下，很多在讀的大學生們由於對未來的迷茫和不自信，或者說受到社會上浮躁功利氣息的影響，大部分都遠離詩書得過且過，甚至有很多大學生的畢業論文都是抄來的，因而這些大學生大多沒有學到多少真才實學，在就業時失去了競爭力。

小學六年辛辛苦苦，國中三年勤勞認真，高中三年廢寢忘食，大學四年稀裡糊塗，畢業之後茫然無措。此外社會上還有一種現象，儘管大學生們用心學習，使盡渾身解數拿到了各種資格證照，但到頭來卻未必就能用得上。拿著一大堆的證照卻找不到如意的工作，有的就連一般的工作也找不到——剛畢業就失業了。

由於受到金融風暴的衝擊，當前就業形勢變得越來越嚴峻。大學應屆畢業生人數年年增加，例如：二〇〇六年大學畢業生達四百一十三萬人，二〇〇七年大學畢業生人數就一下子達到了四百九十五萬人，比二〇〇六年多八十二萬人。而到了二〇〇八年，大學畢業生則又創新高，達到創紀錄的五百五十九萬人，這個數字給就業形勢帶來了「前所未有」的壓力。以大學畢業生為主體的青年工作者數量達到歷史新高。此外，由於二〇〇七年尚有七十萬至八十萬大學生未能就業，因此二〇〇八年實際需要就業的大學生將超過六百萬人。二〇〇八年上半年，失業人員再就業人數二百八十二萬人；就業困難人員就業人數七十七萬人。

對此形勢，有四成畢業生認為，就業依靠「關係網」是最有效的途徑。多半以上學生已經降低了對薪資的期望值，很多研究生以前要求月薪開口就要價五千元、六千元，現在只要求月薪三千元以上就可以了；大學畢業生原來也期望月薪達到三千元，但是看到現今的就業形勢，也同樣降低了要求，只期望月薪一兩千元即可。新聞系大四的學生小華表示，她從今年九月開始，就一直投簡歷，已經記不清投了多少份了。兩個月了，她至今沒有收到一家企業的面試通知，投出去的簡歷都石沉大海。小華還說，她原本希望找一份月薪二千五百元的工作，但現在看來只能降低標準。「降到一千八百元我還能勉強接受，但再低就無法在城市裡生活下去了。」資產與物業管理學系大四的學生張涵原本期望自己畢業後月入三千元，但在網路上投了幾十份簡歷、跑了幾場徵才活動後，感覺就業形勢很不樂觀。「好多公司今年不招人，甚至是裁員。」張涵表示，如果實在找不到合適的工作，月薪二千元都可以接受。接下來還有幾場比較大型的徵才活動，張涵準備繼續應徵。

二〇〇八年下半年，某城市針對二〇〇九應屆大學畢業生安排了四十四場畢業生徵才活動，在第二場的銀行證券保險專場徵才活動上，由於應徵者絡繹不絕，有學生排了三小時的隊還沒有投出一份簡歷。有的學生，可能因排隊太過勞累，她乾脆脫掉高跟鞋，光腳坐在休息區。最讓學生頭疼的不是這些。夏冰從上午九時開始就在一家公司的展位前排隊，到中午十二時，還沒投出一份簡歷。

面對巨大的就業壓力，有些學生選擇了「逃避」。他們每天打開報紙、電視，看到的是失業率不斷爬升，股市、房市連連下挫，社會的痛苦指數不斷攀升。他們不忍面對苦狀，也無力抵擋外面的大風大雨，只好選擇在學校裡再躲一年。據臺灣媒體報導，自從二〇〇〇年起，臺灣推遲畢業的學生就開始增多了。二〇〇〇年臺灣大學畢業的十萬多名應屆大學生中，有一萬一千零四十九人推遲畢業，比例達到一一．〇三%，相當於應屆大學畢業生中每九人就有一人延遲畢業。

還有一些人藉「徵婚」來逃避就業難題。「工作得好不如嫁得好」的觀念在大學女生中逐漸擁有「市場」，不少女生或「相親找對象」，或在網路上發文徵婚，或找仲介幫忙，透過各種途徑來為自己找一個能夠安身立命的依靠。婚姻變成不少女生的另一條「退路」，有一定的經濟基礎和穩定收入成為她們擇偶的首要條件。

小霞是某大學財會科系畢業生。說到徵婚，小霞還顯得有些局促與羞澀。「這其實不是我一個人的意願，父母也同意了。」小霞是當地人，普通薪水階級的父母雖然能為她找工作提供指導，但並不能提供更多的幫助。「我一直是乖乖女，現在要我獨立找工作，真是一點信心也沒有。而且聽到現在工作壓力很大，辦公室人際關係也複雜，還不如當個全職太太。」說到理想對象，小霞說「希望有車有房、工作穩定、有一定地位，最好能替我找一份輕鬆不累的工作。」小霞說她自己最怕無法適應踏入社會後的生活。

畢業即失業，不過是職業瓶頸的第一步，就業瓶頸已經成為當今大學畢業生最大的瓶頸，因此，無論是在職人員還是無業人員，都要時刻保持就業瓶頸感，即使今天你走上了職位，或許明天你就可能走進求職者的行列，所以未雨也要先綢繆。

忙碌在危機的邊緣

每天早上，我們可以看到地鐵口處擠著螞蟻般密密麻麻的「上班族」，雖然個個都是西裝筆挺，而臉上的神情卻是一片麻木。他們手中提著剛在路邊小店買來的早點，腦子裡想的卻是新一天裡的忙碌。

我們還可以看到，在大城市裡，夜晚八九點鐘辦公大樓裡依然燈火通明，九十點鐘公車上人們還是那麼擁擠。自願加班已經成了當今上班族的家常便飯，對於上班族來說，加班沒有理由。「最近忙什麼呢？」這句話已經成了人們日常生活中的口頭語。老相識見面會這樣問，親朋好友打電話會這樣問，線上聊天時候第一句話還是這樣問。「忙碌」似乎成了人們生活的一種形態。

普通的上班族為了生存苦苦掙扎，甚至累得要死，難道上帝分給有錢人的機會多於窮人嗎？

某私人企業上班族李莉是一家廣告公司的客戶經理，平時常常忙得四腳朝天、疲於奔命。有一回，她的朋友問她為何那麼忙。她長嘆一聲道：「我來跟你說說今天上午發生的那幾件事情吧。」「我今天早上剛進公司，就有幾個人找我彙報問題。首先是公司的櫃台人員，她告訴我早上有客戶打電話來，抱怨等了一個晚上都沒有收到我答應昨天發出的一封電子郵件。我立即去查自己的電子信箱，發現信件太大被退了回來。「趕緊把郵件分批發出之後，接著專案執行部的同事就來問我，為什麼客戶說活動場地布置不符合要求。我想起來客戶的確說過場地要求的問題，但是我以為他們會與專案執行部的人直接溝通。結果我只能忙著跟客戶解釋並馬上做出補救的安排。「兩件事處理完之後，就已經快到中午了，沒想到企劃部同事又來找我說明天是一個提案的截止日期了，但是我還沒有提供充分的資料給他們。結果我中午飯都沒吃就忙著準備資料，哎……」

緊張忙碌的工作讓李莉覺得自己只是在過「日子」，而不是在「生活」。前面提到的只是日常工作中的一部分，由於工作關係，會見客戶總是工作中不可避免的重頭戲，因此李莉總是想辦法穿得體面一點、精神一點，這樣才能給客戶留下好的印象。為此，李莉每月不得不在穿著打扮上支出一大筆開銷。這使她本來就不是很高的薪水基本上月月都用光，甚至有時出現意外還要借錢過活。儘管她自己心裡確信越忙越窮只是暫時的，但論及日後的發展，李莉依然是愁眉不展。

剛剛大學畢業的李鵬程走進了某房地產做銷售業務員，作為剛踏入職場的一個新人，他工作得格外賣力。可是每天剛一下班他就向老媽訴苦，說自己每天從一上班就開始忙個不停，一會兒做這個，一會兒做那個，天天忙得暈頭轉向。雖然看起來他總是一副從容不迫的樣子，其實心裡亂得很。每到月底開銷透支的時候，心情更是難以言說。

李鵬程說：「這兩年時間，我內心一直覺得焦慮，對於未來有一種非常緊張的感覺。現在的社會競爭太激烈，稍微不努力，等過了三十歲就很難再有機會了。所以我很著急，但是一直沒有找到解決問題的辦法。推銷這行業的基本薪資不多，靠的就是業績。對於新人來說經驗是最重要的，為了得到資深前輩們的指教，總得表示表示才行，最起碼也得請客吃一頓飯，小地方請不出手，高檔餐廳吃一次就差不多吃去了薪水的一半。還有客戶呢，每次與客戶面談簽單時的飯局自然不能讓客戶買單了。」

不僅如此，為了不陷入職業的瓶頸之中，李鵬程在努力學習專業知識之外，還要處理大量業務來提高業績。所以每天晚上自願加班到八九點鐘是很平常的事。像他這樣的業務員目前社會上有很多，薪水自然是攢不下幾塊錢，最終的成效也可能付之一炬。又窮又忙難道就是新人的生活嗎？

在這貧富不均的現代社會大背景中，有錢人奢靡揮霍，沒錢人奔忙不息。優勝劣汰是世間萬物生存的法則，對於普通上班族來講，「忙」成了人們生活的狀態，職場之上更是處處都是瓶頸，人們知道自己生活在瓶頸的邊緣，所以不敢不忙，因為稍一鬆懈便會陷入重重瓶頸之中。

不做職場「勞工楷模」

你有沒有這種感覺：最近工作一直不順，總是出錯，經常要熬夜，飲食不正常、日常生活的秩序被打亂，睡眠、休息狀況大打折扣，常常感到疲勞、煩躁等等？如果有，這說明您處在職場的「過勞」。

嚴峻的就業形勢不僅在影響著尚未就業的人們，同時也在影響著正在就業的人們，他們不知道什麼時候自己就遭淘汰。許多人最擔心的不是錢不夠花，而是什麼時候這個工作沒了。在這種重壓下，不少上班族加入了「過勞楷模」的行列，不斷的挑戰著生理和心理上的極限。

二十八歲的小楊是某私人企業部門主管，做得好好的她最近卻決定辭職，因為她感到太累了！每天早上七點就要出門，晚上十一點以後才能回家，週末只有一天休息。每週都這樣，工作壓力太大。無病無災還好一點，要是身體不好，那更是招架不住。可在這麼大的壓力下，誰會不生病呢？小病也會變大病的。前段時間，由於她工作太累出了一次車禍受重傷，醫院還下了病危通知書。在醫院住了一個月，出院當天就上班了。沒辦法，私人老闆不養閒人！

一天工作八小時對於職場的上班族們來說成了明日黃花，一天工作十幾個小時、加班熬通宵、犧牲節假日和週休日在辦公室工作、成了上班族們的家常便飯。與之如影隨形的則是各式各樣年輕化的疾病襲來，給自己也給家人帶來痛苦。

由醫院管理學會、醫療衛生技術應用管理專業委員會等機構發起的「健康透支十大行業」社會調查結果出爐。前十大依次為：IT、企業高階管理人員、媒體記者、證券、保險、計程車司機、交通警察、銷售人員、律師、教師。

調查發現，精神壓力過大，生活節奏過快，飲食和生活不規律，是這十大行業的人群嚴重透支健康的主要原因。關於壓力來源，三一%的受調查者反映最大的壓力源自家人，一九%的人反映是性生活。受調查者認為，面對源自主管、同事和經濟生活方面的壓力，未婚青年面對創業、婚姻的擔憂，已婚人士頭頂巨額房貸和教育支出，只能繼續透支健康。

在醫學上，「過勞死」屬於慢性疲勞症候群（CFS），是超負荷工作導致的過度勞累所誘發的未老先衰、猝然死亡的生命現象。然而現代職場中很多人迫於工作和生活的壓力，根本沒把小毛病放在心上。

工作壓力大、生活負擔重、精神包袱沉等因素使許多人選擇過度透支生命，從而突然引發身體潛藏的疾病急速惡化，造成救治不及而喪命。很多人或是為了買車供房，或是為了送子女出國留學，或是希望在事業上有所建樹，選擇將時間無止境的花在熬夜、加班、陪客戶吃飯上，不知不覺中睡覺時間越來越短，休息時間被一次次壓縮，人就像一個機器一樣不停的運轉，直到再也轉不下去的一天才意識到問題的嚴重性。

造成過勞死的主要原因是工作時間過長、勞動強度加重、心理壓力過大而使人存在精疲力竭的健康不良狀態，這往往是因為很多人主動放棄休息造成閒暇時間減少，另一方面，過量飲酒、吸菸等不良飲食習慣也是導致最終積勞成疾的主要罪魁禍首。

長時間在高壓力下工作，無暇運動，久而久之，原來以老年患者為主的慢性疾病現在有了年輕化的趨勢。肥胖症、高血脂、高血壓、冠心病等與年輕人近在咫尺，而長時間坐辦公室的職場女性則常有頸部僵直、兩肩酸麻、精神萎靡不振、頸椎病等症狀。所以現代職場的主管和員工們，在賺錢的同時，務必更應該注意身體的健康。

在辦公室裡，當各路員工都為了工作壓力、銷售業績疲於奔命時，就有那麼一種人，馳騁於硝煙彌漫的職場江湖依舊遊刃有餘，彷彿再多的工作量都能一笑拿下，令牢騷滿腹的同事折服。還有一種人，渾身好像有用不完的精力，總是不滿足於已有的現狀，像八爪章魚一樣渴望到更多的領域發展，並隨時準備被靈感的火花點燃而投入戰鬥。

早餐的食物還來不及下嚥，伊蓮就已經「咚」的一下跳上車，急匆匆趕往公司。該做的工作馬上開始在她滿腦子裡翻騰，伊蓮在考慮以什麼方式向老闆報告最近的市場情況，又突然想到了部門的季度預算還來不及交到財務部，這可能會影響到部門人員的費用報銷，再有就是還沒有給剛來報到的市場分析員安排工作……沒等伊蓮把這一切考慮清楚，她已經坐在了大會議室裡，開始了工作例會的報告，接下來是會見重要的客戶，審核近期的合約，召集業務人員會晤，與新員工面談，報銷審核、制訂專案計畫書……一天很快就過去了，到了晚上十點，伊蓮還有大堆資料沒有看完，很多封郵件來不及回覆。伊蓮只得抱上資料，提上筆記型電腦，拖著疲憊的身子急急忙忙往家裡趕……

這是一個職場女性的自己的「正常」生活。面對她這般的工作狀況，讓人不禁有些手心冒汗。這樣的繁忙程度已經遠遠超出了大多數上班族女性生理和心理所能承受的正常範圍，長期在這種狀況下工作會常常出現「緊迫」狀態，這將對身心造成嚴重的傷害。職場女性怎樣幫助自己解圍呢？

1．學會統籌方法

要像刷牙一樣，養成每天把要做的工作排列出來的習慣，以明確目標。下班前將明天所有的工作按緊急重要程度排列，要記住緊急的事不一定重要，重要的不一定緊急。找出真正重要且緊急的事，在前面標上A，將緊急但不重要和重要但不緊急的工作權衡一下，分別標上B和C，最後將一些既不緊急也不重要的事標上D。因為完成工作最快捷的方法就是一件一件的去完成。

2．委託別人辦理

將你可以委託別人做的事情劃分出來，盡量委託給別人去做，這樣你就有更多時間。只有你自己才能做的事情。但原則是讓合適的人完成合適的任務，實行專案責任制，一項任務只由一個人來完全負責，並執行到底，除非有不可控的意外狀況發生。

3．分清事情輕重

從來沒有足夠的時間做完一切事情，但是總有足夠的時間做完最重要的事情。表現出色者與表現平庸者之間的差異在很大程度上取決於他們選擇拖延什麼。由於你肯定會進行拖延，現在就要決定拖延低價值的活動，決定拖延在任何情況下對你的事業都無關緊要的活動，要學會去掉小事，集中力量做大事。

4．提高工作效率

與每天面對的多如牛毛的事務相比，精力和時間顯得如此的寶貴和有限。要想把每一件事都做好幾乎是不可能的，也是不現實的。解決的辦法就是學會說「不行」。這絕不是所謂的畏難情緒，或是什麼消極的做法。這恰恰是「有所為有所不為」在現實工作中的靈活運用，是保證任務高效率完成的必要方法。

提高效率的一項重要的原則就是，利用最有效的時間，集中精力，完成最重要的事情。「苛求完美」有時候可能成為我們提高工作效率的大敵，而學會取捨和善於分配，將大大增強我們的實用功力。

掀掉壓頂的「三座大山」

你是否為手頭千頭萬緒的工作而焦躁不安？你是否因工作壓力太大而瀕臨崩潰的邊緣？你是否羨慕那些看起來神閒氣定、有條不紊的同事？這一切其實在很大程度上來自於不得當的工作方式和處世策略，其中最主要、最常見的有三種，它們就像壓在你頭上的「三座大山」，不但會影響你的心情和健康，而且還會導致精神狀態的迷離及工作效率的低下。

電視、電話、電腦、電子郵件、手機、網際網路、社群軟體等等各種現代化的通訊設備和傳播手段給我們的日常生活和工作帶來方便，同時也給我們帶來新的困擾。比較典型的例子是，當其中一些資訊忽然在我們身邊消失，心裡開始覺得焦躁、恐慌，甚至身體出現頭暈、胸悶等症狀。這種現象在心理學界已經有了一個專有名詞：資訊焦慮症。

曉華在一家雜誌社做編輯，剛開始工作的時候，她朝氣蓬勃，滿懷自信，做起事情來得心應手。可時間不長，她就覺得壓力越來越大，每天好像有做不完的事，堵得心裡難受。她的辦公桌上，作者來稿、讀者來信、待閱讀的報紙雜誌堆積如山。有時來上班時心情還很好，一坐到辦公桌前，她就覺得沉重得不得了；而且由於處理不及時，她的電子信箱常常爆滿，作者的稿件被退回後，往往打電話詢問另外的郵寄方式，接二連三的電話鈴聲更使她心神不定、壓力倍增。以至於最近一段時間以來，她的胃口和睡眠都不佳，整個人都處健康不良狀態。

現在的職場女性有一個很大的壓力源頭，那就是資訊的累積、膨脹和氾濫。如果打開電子信箱，發現裡面已經有無數封來信，這樣馬上就會感覺到有壓力，因為稍有耽擱，過幾天就有更多信件；如果桌上堆滿各種待辦文件，當然也會讓人感覺到壓力。

以電子郵件為例，在收到電子郵件時，首先要立刻決定是否閱讀，如果不想閱讀就立刻刪除，千萬不要留著等有空時再看，這樣既容易使電子信箱爆滿，還會造成心理負擔，總覺得有項工作還沒有做；其次是如果決定閱讀，讀完之後也要立刻決定是否存檔，若要存檔就設定專用資料夾儲存，若不存檔就立刻刪除，絕不浪費時間在無謂的斟酌上面；再次是即使決定存檔了，每一兩個星期或至少每個月，還要再將所有存檔的電子郵件檢查一遍，將那些確認已經沒有存檔價值的立刻刪除，一定不要任其存留，否則就會淹沒在龐大的資訊群中。同類的處理方法不只是適用於電子郵件，處理每一件資訊都應當如此。

曉華這一點恰恰沒有處理好。她一直有剪報的習慣，比如看報紙雜誌時，發現其中有一篇文章相當不錯，按她的習慣，就是先影印或剪下來，等有空的時候再閱讀，結果桌子上、抽屜裡、檔案櫃中、紙箱子裡，到處都堆滿了剪報或影印的資料，越積越多，想扔掉又不捨得，想讀又根本沒有時間，弄得自己很狼狽。

因此，在這個資訊氾濫的時代，我們要想工作輕鬆，一定要學會在第一時間處理接收到的資訊，而不是拖延磨蹭。要知道，這是一個儲存成本遠高於重置成本的時代，儲存一樣東西只要超過一兩年沒用上，它所占去的空間與管理成本已經高於重置成本，因此，除了很多不必保存的物品、資訊資料之外，如我們家裡的家具、衣物等，也應該及時處理，不要留存許多兩三年都不會使用一次的東西，如此一來，你的工作和生活空間都會變得無比清爽、簡單和輕鬆。

現在的生活中壓力以不同面孔隨時隨地出現，而調配和掌控的人就是自己。職場女性一定要以積極樂觀的態度來面對人生，處理生活中的一切，並學會用正確的生活、行為方式來對付出現在面前的緊張，保持健全的身心狀態，以迎接和接受社會的挑戰。

很多職場女性總在追求完美，唯恐哪裡會輸給別人，有的人甚至會把追求完美演變為苛求，對小的紕漏不依不饒、耿耿於懷，這樣就掉進了完美主義的陷阱裡。戴欣的問題也是出在這裡，追求完美的個性使她壓力倍增，疲於奔命。

第八章 挑戰你的職場壓力

掀掉壓頂的「三座大山」

週末同學聚會時，曉華和劉豔見到了大學裡的同窗戴欣。在學校時，戴欣就以表現優秀聞名全系，不管是學習、人際關係還是課餘活動，她都做到了盡善盡美。這樣出色的女孩子，在工作中肯定是運籌帷幄、輕鬆自如的。所以曉華和劉豔便急不可待的向她求取「高招」。

孰知戴欣也有自己的壓力和問題。她在工作上對自己要求很高，處處追求完美，無可挑剔的工作成果得到了上司和同事們的認可。但在一片讚許的光環下，唯有戴欣知道自己承受的壓力。

為了做到盡善盡美，她會在同一件事情上付出比別人多兩倍的精力和時間。每天下班後，她都將工作帶回住處做，以便第二天能夠提交上一份完美的結果。這樣一來，她每天的工作時間要超過十五小時，假如同時有幾件事情等待處理，別人很快就處理完了，而她可能只完成了一兩件，當然，凡是完成的，肯定都是無可挑剔的。不過想想未做的，她就會變得非常急躁著急。

有一次，上司突然分配了一個很急的任務給她，要求她兩天之內籌辦一個全國性的會議，聯繫到所有的相關人員及各路媒體，準備會議資料及各媒體的不同新聞稿。兩天來，她加班熬夜，沒白天，沒黑夜，眼看最後的期限到了，還有很多工作沒有做，她一方面為迫近的時間著急，另一方面，卻為新聞稿中一個不十分恰當的詞語苦思冥想，欲罷不能。

追求完美本身就是不完美的，這是性格缺乏彈性的表現，它帶來的最直接後果，是自我不滿和否定，進而失去自信。做好一份工作，講究的是成效，只要你盡了力，而且達到了預期的目的，就無須再一味追求所謂的完美。而且，並非所有的任務都需要做到完美，你得分清輕重緩急，挑重要的做，學會適當的放棄一些東西。以下的策略可以幫助你從完美的陷阱中脫身而出：

1.發現自己投入過多時間在工作時，問自己值得嗎？為何還在做這個？會不會耽擱完成其他事？

2.不斷評估情況，制定一個「做好了」的標準，做到這個尺度就停。

3.不要只是拚命分析為何做錯，而是從錯誤中學習，如何避免將來再犯錯。

4.在參與一項大型計畫前，先搞清楚究竟要做什麼，包括先要求上司列出明確指示，究竟他想得到什麼結果。

5.當你越清楚工作內容時，對你越有利。不要抓了桌上的工作就做，先做或只做重要的工作。

總之，做得快一點聰明一點，既有助你享受工作的樂趣，也可減少你緊張焦慮的情緒，從而提高工作效率。

英國著名的生活教練艾琳．莫里根在她的一本暢銷書中寫到：因身體不適導致的全部缺勤中，有四〇%歸因於與壓力相關的心理疾病，為此付出的代價據估計僅英國經濟每年就損失五十至六十億英鎊。

王小藝的貿易公司生意做得很成功，去年，她接到一個新的合作專案，合作對象是美國的一家大公司，由於時差問題，有很長一段時間，她不得不每天在深夜工作，透過電話、郵件等各種方式與國外的合作夥伴進行溝通，交流工作的進展情況。儘管如此，她漸漸適應了這種白天睡覺晚上工作的生活。

即便是後來夜裡工作的機會越來越少，她也只能抱著枕頭「數星星」，她感覺到自己的身體越來越差。開會時，她的注意力不能集中，腦子裡經常出現一些亂七八糟的東西；周圍環境喧囂時，她會覺得心煩氣躁，反應遲鈍，甚至心慌氣短；環境太安靜，她又會覺得腦子嗡嗡作響。她不得不去醫院做全面檢查，最後，醫生告訴她，她的所有症狀都是由嚴重的失眠引起的，導致失眠的正是沉重的工作壓力。

研究表明，人體長期睡眠不足或處於緊張狀態，會使神經內分泌的自律神經系統被啟動，並逐漸衰竭而發生調節紊亂。引起失眠的因素是多方面的，但大多是因為睡眠習慣不良引發的。譬如睡前大量吸菸、飲酒、喝茶或咖啡、劇烈運動等，都會增加入睡難度，使睡眠品質下降，誘發失眠。還有些人白天睡得過多，晝夜規律紊亂，到了夜間便會入睡困難或睡眠時間過短，呈現失眠狀態。

要想改變這種狀態就必須採取自我調節的措施。

1. 全面安排，量力而行

以自己的精力、能力為限，把所有事情做一全面安排，分清輕重緩急，可以暫緩的事可放到以後去完成。同時，正確客觀的評估自己，提出適宜的期望值。

2. 講究方法，爭取支援

學會科學、合理的安排時間，忙而不亂。要相信同事或另一半，不必事事非得自己動手不可，而是敦請他們共同把事情做好。

3．生活有序，忙中偷閒

要保持有規律的生活，有張有弛，勞逸結合，盡量避免一次做過多事情。盡量擠時間與家人同享天倫之樂，或出遊，或走親訪友，徹底放鬆自己。

4．注意飲食，合理調節

不要因為忙碌而放棄正常的飲食，甚至以泡麵充饑。因為營養不良會影響精力的充沛，不僅不利於工作，還會影響身體健康。日常飲食要做到合理搭配、定時定量，勿過冷過熱，忽饑忽飽。

5．宣洩情緒

當感到巨大心理壓力和出現悲傷、憤怒、怨恨等情緒時，要勇於在親人、友人面前傾訴，作合理的宣洩。在他們的勸慰和開導下，不良情緒便會慢慢消失。

6．解開心結

人總是貪求太多，把重擔一件一件披掛在自己身上，捨不得扔掉。假如能學會取捨，學會輕裝上陣，學會善待自己，凡事不跟自己較勁，甚至學會傾訴發洩釋放自己，人還會被生活打壓趴下嗎？

雖然你不能控制他人，但你可以控制自己；雖然你不能左右天氣，但你可以改變心情。各行各業都有不同的問題與壓力，與其讓這些無法迴避的事實破壞你的情緒，影響你的工作，還不如正確面對它們，想辦法改變自己的態度和行為。當你真的改變了，你的工作也就變得輕鬆自在了。

在壓力中突破自己

生活中很多人對幸福的評價常以生活中的壓力大小來決定。他們認為有壓力是不幸福的，覺得事情的理想狀態應該是沒有任何壓力的。其實這是不完全正確的。如果我們有壓力就認為一定是生活中出了差錯，到最後我們就會將過量的精力放在感嘆我們的命運上，然後對自己說：「如果我能消除我的壓力，一切就會變得很完美。」

那是悲觀者的怨語，而樂觀者會從另一個角度來看，會將壓力看成是一種機會。如果你曾經面臨過一個很嚴重的壓力，並且突破了它，你很快便能發現壓力是幫助自己提高生活技能和社會經驗的一種助力器。

因此，剛剛踏入職場的朋友們一定要切記：工作中的壓力，是突破自己的一種機會，我們千萬不可逃避它。

其實，在工作中，必須擁有壓力才能督促員工們去自動自發的完成自己手頭的工作，否則，壓力一旦取消了，公司裡正常的工作秩序恐怕根本無法維持。

簡單的例子莫過於我們寧願承擔心理壓力也要把事情拖到最後一分鐘去做。不只是對那些令人不快的、不想去做的事情是如此，即使對那些我們願意去做，有必要去做，做完後感到充實、感到有價值的事也同樣如此。

許多畢業後剛剛踏入職場的新人都無法相信壓力可以是一種隱藏的機會，他們總認為壓力就是痛苦和不幸的原因。其實壓力和痛苦能使我們走向成熟，為日後的事業奠定基礎。另外，壓力和痛苦促使我們思考，考慮改變工作的方向，從不同的角度看事情。

李一民畢業後進入一家報社擔任記者，每天忙忙碌碌的尋找新聞線索，感覺壓力很大，卻又找不到真正的頭緒。每週，記者部主任安排的採訪任務都無法正常完成，有一陣子，他都萌生了辭職的想法，但是想想現在社會上湧現了那麼多的大學畢業生，而工作的機會也沒有增加多少，因此，他調整了一下自己的情緒，想把自己的工作思路理清楚，結果，因為工作經驗的缺乏，他還是無法理清自己的工作思路，經一位朋友提醒，他決定向報社裡一位老同事請教一下。為此，他把對方約了出來，兩個人聚到一起吃了一頓飯，在飯桌上，他很虛心的向對方請教了一番，經對方指點開導，他才把握到了工作中的重點，了解到一些採訪過程中的技巧和訣竅，因此，步入了正常的工作狀態。

社會是個大舞台，每個人都在扮演著自己的角色：平凡的或是偉大的、順利的或是坎坷的、自願的或是被迫的……許多人對自己的處境，對自己所扮演的角色不滿意，因而心理不平衡，甚至對生活失去了信心。這種心情是可以理解的，但我們必須要有一種面對現實的態度，然後對症下藥，爭取找到一種好的解決方法。

許多人畢業後進入職場，工作壓力稍微大一些就常常抱怨社會不公，環境不好，生活沒勁；抱怨自己的條件不好，自己得到的太少。可我們是否注意到了那些生活充實、有所貢獻的人們所處的環境、所具備的條件原本也是不如意的呢？

畢業後，我們最重要的是樹立一份良好的心態，珍惜自己目前的工作環境，學會在工作中面對目前的壓力，針對自己工作的狀況下手，理智的尋求對策，爭取變壓力為動力，在提高工作效率和品質的同時，徹底剔除自己身上的一些浮躁輕率的成分，腳踏實地的沿著人生中規劃好的方向一步一個腳印的向前邁進，這才會為自己的職場人生開創出更廣闊的天地。

為什麼有許多人總感到自己沒辦法？主要是在思考問題的時候總有一個因循守舊、消極被動的習慣，把境遇的作用看得過於重要，總認為自己的一切都是由所處的環境決定的。聽一聽這些司空見慣的說法吧：「在這個倒楣的地方，我只能這樣了，混吧。」「要是我能調進一個好單位，再重新開始吧！」「要是我有學位，或給我安排一個像樣的職務，那就可以好好打算了。」

你是否也常常發出類似的抱怨？唯一的辦法就是集中精力，堅持自己救自己。事在人為，突破局限，實現自我，就會戰勝壓力、獲得成功。

接受現實，對壓力宣戰，不僅要有志向，而且要有實力。實力從何而來？是從一切認真的學習和艱苦的奮鬥中累積起來、磨練出來的。如果你看清現實，找到突破口，那就應當確立起一個目標，然後圍繞自己的目標去努力。你有了實力的準備，機運才會青睞於你，你也就突破了環境與條件的局限，避免了大好時光的浪費。

走出職業疲勞的集中營

競爭壓力的加大，越來越多的都市人感到身心疲憊。由於工作壓力帶來的心理疲勞，給都市人帶來了新的心理瓶頸。職場心理疲勞主要表現為厭倦工作、不願起床、上班遲到次數增多、處理公務時心情煩躁、注意力渙散、思維遲鈍反應遲緩、遺忘率增加等症狀。疲勞已經是現代社會的一種常見現象。

不知道從什麼時候開始，無憂無慮、灑脫自在的生活漸漸遠去；不知道從什麼時候開始，疲倦、無助慢慢侵蝕了事業的熱情……今天的職場很累人。於是很多職場女性在問，工作，為何讓我如此疲倦？

大學畢業到現在，Queen 已經工作了兩年時間，感覺只有一個字，累。在別人眼裡她是個普通的不能再普通的人，形象、氣質、身分，丟進人堆裡都沒有一點顯眼的地方。Queen 不屬於很上進的那種成功女性，她要想得到跟別人一樣的成績總要付出更多的代價和努力。

Queen 唯一的愛好就是旅遊。但由於經濟因素，從小到大玩過的地方並不多，也不遠。很早的時候起，她心裡就有著一種強烈的憧憬，那就是做導遊，每天可以到處去旅遊，和大自然接觸，還可以有收入，這是 Queen 的追求，也是她最理想的職業。

可是，高中畢業那年，在父母的一再要求和堅持下，Queen 放棄了自己喜歡的旅遊管理科系，進入了財務管理系下面的會計科系學習。大學裡她專業成績平平，唯一的興趣就是去閱覽室尋找刊載有各地風情、文化、民俗的雜誌看，雖然她沒有經濟能力實地去玩，也可以在那裡過一過乾癮。畢業時，Queen 在人才就業市場上「漂泊」了兩個月以後，她最終還是在一家公司做了一份跟科系相關的出納工作。

工作兩年來，Queen 在財務部從出納做到了會計。說是會計，其實就是換了個頭銜而已，做的很多還是出納的工作。公司財務部就三個人，除了財務總監，財務主管就是她，工作量可想而知，往往一到月末就要加班熬夜。公司說是中外合資的，但只是隸屬於集團下的一個子公司。而且集團的主營業務是製藥，幾年下來，公司一直都是在虧本經營。在同行業裡面，公司基本上排在後面幾位。公司裡面上層主管私底下很多都沾親帶故，要想往上發展也很困難。Queen 感覺在公司就像在痛苦而疲憊的混日子。

Queen 的性格比較內向，從小家庭環境也不是很好，平時社交比較少。同事們經常三五成群去酒吧或唱歌，剛開始還找她一起，都被她拒絕了，後來他們也就沒再找她了。很多時候，Queen 都有種被孤立的感覺。工作雖然不久，但是她覺得自己似乎老了很多，至少許多熱情早已不似當年，令 Queen 不知道未來該怎麼繼續。

都市人由於常坐辦公室，會經常有腰酸背痛的毛病，還有一些特殊工作帶來的職業病，身體上的疲勞會引起心理上的疲勞；企業對於多元化人才的需求提高，未來職場的不確定性在很大程度上給員工造成了壓力；另外，在個人奮鬥目標遇到發展瓶頸時會產生心理疲勞。調查顯示，由於上班族女性壓力不比男性小，而所擔負的社會責任和壓力卻比男性大，上班族女性身心更易疲勞，面對工作壓力，女性更容易表現出情緒上的疲勞反應。

如何克服職場心理疲勞？主要是增強人的心理衛生和心理健康水準。首先，切實加強心理衛生知識的宣傳力度，增強自我保健能力和意識，在個體、家庭、群體、社會上形成關注身心健康的氛圍，從而獲得多種途徑和有效方法，減少心理衛生問題的發生；其次進行心理衛生的自律訓練、性格分析和心理檢查等，提高自我的心理承受能力，放鬆自己，緩解緊張情緒，始終以平和自然的心態參與生活和競爭，能夠經得起未來人生道路上的風風雨雨，從而幫助自己克服身心疲勞，提高健康品質。

家家有本難念的經，有的職場女性因為工作經驗不足苦惱不已，資深人士同樣有困惑。原本很喜歡的工作，現在心灰意懶；一向很有熱情，做久了好像索然無味；有時想換個工作，可是又找不到足夠的理由。究竟是哪裡出了問題？該如何應對？

Jean，二十八歲，碩士學歷。目前是某外商公司市場部首席企劃。Jean 入這一行已經足足八個年頭，可謂經驗豐富，並且她這樣的年齡仍處於思維活躍的高峰期，新創意多，再加上手中的媒體資源，她正是那種業內最炙手可熱的人才。照理說，現在的 Jean 要高薪有高薪，要名氣有名氣，正是職場中的紅人，到底是什麼原因呢？

自 Jean 加入現在的東家以來，一切都是順風順水，市場部的總監是 Jean 的頂頭上司，本來總監就一直很賞識她，在 Jean 漂亮的完成了幾個 Case 之後愈加器重她，Jean 提出的方案被斃掉的機率很小。Jean 成為公司首席企劃的兩年後，原來的總監離職，Jean 的頂頭上司換了人。

起初，Jean 對這次的人事變動並未在意，她認為憑自己在公司的地位，自己的位置以及未來發展不會受到任何影響，況且，只要工作做得好，在誰手下都是一樣。

漸漸的，Jean 發現並不像自己想得那樣簡單。新總監很尊重 Jean，對她的工作以及所取得的成就也相當肯定。然而 Jean 還是很快發現了不一樣，例會的時候每每 Jean 發表自己的 Idea，總監看似認真在聽，但是之後多是做出禮貌性的回應，並沒有做細節的探討。再後來，Jean 的案子經常被新總監客氣的回絕，再不像原來一樣高比例通過。其直接後果是，許多 Case 分流到其他人名下，「首席」二字只剩一個名號。

這樣的冷落讓 Jean 很不自在，同時她發現自己的心理和精神方面也起了連鎖反應。一方面，她變得沒自信，新想出來的 Idea 會被自己先否決掉。時間一長，Jean 開始擔心自己會提早進入思維枯竭期；另一方面，對於自己一直充滿熱情的工作，她漸漸沒了興趣，甚至想換一個行業重新開始。Jean 對自己的未來開始生出疑惑，到底該何去何從？

新上司來了，舊上司面前的紅人日子就不好過了。一朝天子一朝臣，這樣的現象是存在的，但是在 Jean 的案例中，這樣的觀點有比較多的主觀成分在裡面。其實新的總監並沒有刻意為難 Jean，雙方很可能只是由於創作風格理念不同，在創意方面短時間無法達成共識。新總監不採納 Jean 的方案，並且交給其他人，只是間接委婉的表示了對 Jean 的不欣賞。一個部門的領導人當然有權利決定本部門的風格，她不接受某個人的個人色彩，也並不能說是錯。

實際上，從深層次來說，Jean 對工作的灰心倦怠，上司的更迭只是直接原因，更深層次的根本原因，是來自於她內心對目前工作的「審美疲勞」。職業規劃專家認為，對於一位資深的職業人，長期處在同一領域，對於相同的資訊每天都要大量的接受，難免會產生感覺以及心理上的疲勞，如果沒有及時調整心態，會對現有職業產生厭倦。受這樣的厭倦感影響，很容易對自我需求發生懷疑，進而職業動機也變得不明確。職業動機不明的這一狀態就是我們所說的工作中的「審美疲勞」。

如何應對職業「審美疲勞」？在每個人的職場生涯中都不可避免會遭遇各式各樣的上升瓶頸，只有突破了所有這些瓶頸，才能有一次一次的發展。類似 Jean 這樣的案例不在少數，如果這種職場的轉捩點處理得好，可能會是一次飛躍，處理不好，則可能之前的成就前功盡棄。因此，克服職業「審美疲勞」就顯得尤為重要。

當「職業疲憊」、「職業倦怠」席捲職場，越來越多的職場女性對自己的工作產生了「審美疲勞」，面對「四面楚歌」，你如何保持職業「年輕姿態」呢？

嫣如是一家外商公司的網路工程師，主要負責客戶公司的電腦網路維護，有著五年的實踐工作經驗。在同行業工程師的待遇水準中，嫣如還算不錯。可是，嫣如常常覺得工作枯燥，提不起興致，有種壓抑感和疲勞感。看到身邊的朋友、同事都在努力工作，樂此不疲，事業發展得有聲有色，嫣如又覺得很有壓力。嫣如覺得，相較其他行業，自己的工作單調又無趣，工作中能遇到的新問題很少，每天的工作內容差不多都是雷同的，以自己的經驗很快也很容易就能搞定，剩下的時間就等著下班。往往一天下來所做的事情不少，卻總是沒有充實感和成就感。

雖然嫣如在公司服務的時間算比較長的，可卻總不見職位有所上升。嫣如自己清楚，自己不善言語，也沒什麼管理能力，更要命的是身在外商公司工作，自己的外語水準卻是「難見公婆」，也難怪上司不提拔。

嫣如感覺自己前途渺茫，想換份工作，但轉念又想，自己在IT行業工作已經五年了，除了電腦網路維護這一塊，其他還真沒有什麼可以拿得出的技能了。而且，現在網路技術發展這麼快，萬一換的工作不合適，過兩年想再回來恐怕都不行了。嫣如也想過報個技術培訓班、考個資格證照什麼的，但又擔心自己都快要三十的人了，現在學這學那是不是有點晚了。面臨著「四面楚歌」的境地，嫣如走進了職業的漩渦裡。

出現這種問題有很多方面的原因。對企業環境太熟悉，對工作內容的熟練使得原有的新鮮感和工作帶來的挑戰感都慢慢消失了，代之而來的是每天重複的工作內容，容易使人在精神上出現一種疲倦的感覺。再好的東西，對著它時間長了，它也會失去美感，這就是我們平時所說的「審美疲勞」，對待工作也是一樣的。同時，隨著年齡的增長，經過五年以上實踐工作的歷練，和當初剛走進社會時精力充沛、雄心壯志的工作狀態肯定也是不能比的。「審美疲勞」的真實原因是職業動機不明，要獲得明確的職業動機，首先要有足夠的職業安全感，而要獲得足夠的職業安全感，則需要達到一定的職業滿意度。因此，如果順藤摸瓜尋找應對措施，那麼只有不斷提升自己的職業滿意度才是克服職業「審美疲勞」的根本解決辦法。提升個人職業滿意度，可以從以下兩個方面入手：

1．尋找新的動力源泉

職場遭遇「審美疲勞」，從職業生涯發展的整個過程來說面臨的是一個停滯期，只有發掘出新的動力，才能夠繼續前進。這個時候，不妨重新審視一下自己所處的環境，自己的日常工作內容，從中發現新的樂趣以及新的挑戰。新的樂趣可以減緩每天面對大量重複資訊的厭倦感，而新的挑戰則可以賦予新鮮的工作熱情，激發鬥志。同時，別忘了時時留意可能面臨的機運。當你意識到你還有可上升的空間，並且那已經為你打開一扇門，縱使你「疲勞」得昏昏欲睡，還能不被喚醒嗎？

2．學會容納他人的價值觀

每個成年人的價值觀大體都已經定型，無論是改變自己或是改變他人都是不可能的。你希望得到別人的欣賞和認可，即是希望別人認可你的價值觀，因此作個換位思考，在堅持自我的同時不妨試著接納別人的價值觀。試試感受他人的觀點，發現其合理性，再來審視自己的想法，看看原本的堅持是否真的完美得無處可挑剔。即使你仍然保留自己的想法，也不會因為孤芳自賞而平添許多懷才不遇的苦惱。

第八章 挑戰你的職場壓力

走出職業疲勞的集中營

第九章　學習是最好的增值

如今的時代，是一個充滿挑戰的時代，許多新事物需要「年輕世代」去學習、去探索，許多新問題等待你們去研究、去解決，建立學習型組織、創新型國家，需要你們去努力。只有充分認識學習的重要性，思想上重視學習，勤奮學習，才會有不斷前進的動力。否則，只能是「逆水行舟，不進則退」。

心有餘而力不足

知識與能力是一對孿生兄弟，知識與實踐結合，才讓知識充滿一種活力。能力是透過創造得到的，是以知識為基礎，透過實踐活動進一步昇華而產生的。

知識匱乏者，其能力必然不足，在當今知識日新月異的時代，作為職場中人，如果自己的知識不能夠跟得上時代的腳步，他的競爭力必然下降，即使老闆能夠委以重任，也會因為自己的能力不足而無法完成任務，由此只能望洋興嘆，最終落個身陷瓶頸的下場。

蕭洛是一名資歷不淺的IT技術人員，在一家中型規模的IT公司工作了三年，始終是一名普通員工，沒有得到任何晉升的機會。雖然在自己負責的工作中，工作經驗越來越豐富，可是技術上他卻感到越來越跟不上形勢。公司分配給他的工作內容不輕也不重，作為老員工，他的能力在自己的職位上得到了充分的發揮，但是由於總是相當忙，再加上蕭洛自己也不怎麼當一回事，所以他失去了很多鑽研最前端新技術的機會。

三年下來，蕭洛發現自己無論從收入上還是技術能力長進上，都幾乎處於停滯狀態。因此，最近幾個月來，蕭洛越來越覺得自己在工作上「心有餘而力不足」了，工作中總是出問題，因為上司給他的任務不再是以前自己熟悉的內容了，很多都是新鮮的東西了。結果沒過多久，趕上世界金融海嘯的大潮，公司效益不好，於是老闆決定裁員節省開支，於是蕭洛理所當然的就被裁掉了，這讓蕭洛一下子就陷入了瓶頸之中。

與蕭洛經歷的事情相似的是，小蘇在一家外商企業做貨運工作也已經有三個年頭了，但小蘇相當輕鬆自在，每個月三千多的工資，做的工作又得心應手，無非是報單、聯絡、發單，有時跟老客戶熱絡一下感情。但是小蘇做的業務變化不大，雖然偶爾忙一下，但學不到太多新鮮的東西。日復一日的重複勞動使小蘇的厭倦感越來越多，長期的安逸讓他對自己的前景越來越迷茫。小蘇沒有因為這個工作而成長多少實際的才能，單一化的工作讓小蘇學不到更多的專業知識，因此也就讓他無法繼續晉升職位。

如今，尋求突破成為他的當務之急。隨著年齡的增大，沒有找到突破口的小蘇開始逐漸感到職業瓶頸的威脅。儘管暫時公司還沒有裁員，但如果哪天真要裁員的話，他這個可有可無、誰都能做得來的職位，很有可能就會被別人所替代。所以現在的小蘇想晉級卻心有餘而力不足，想跳槽又沒有了當初剛畢業時候的拚勁，繼續留守這份工作吧，還擔心哪天被裁掉。所以他想來想去，還是進退兩難。

如今，像蕭洛和小蘇這樣想晉升擔重任卻「心有餘而力不足」的現象，在職場中大有人在。能力的瓶頸絕不僅僅定位於那些尚未找到工作的失業人群，而是關聯著社會的各群體各階層，尤其是職場之中。一位資深大學教授透過長期追蹤觀察，發現了知名大學院校畢業生的「五年週期」現象。在最初的五年內，用人單位一般對他們相當重視，但這五年中，如果這些畢業生努力不夠，不能踏踏實實學習新的知識和技能，不能及時根據工作實際對自身能力結構做出調整，就會出現這樣的情況，有的人職位技能上去了，得到了升遷，有的人原地踏步甚至走了下坡路，差距明顯，後一種人顯然是因為個人的不積極進取，而導致知識瓶頸，進而發展為能力瓶頸，最後引發了職業瓶頸。

王丹和李英是同班同學，當初也是同時畢業一起到城市來找工作上班的。前不久，王丹中午吃過飯，回辦公室的時候在電梯口碰到了李英，李英告訴王丹說她要辭職離開了，今天特意過來和王丹辭行的。王丹問李英今後的打算，李英說已經在另一個大城市找好工作了，是一家外商，薪資福利都要比現在這家公司好得多。

王丹為好友能夠找到如意工作而感到高興，她自己又何嘗不想跳到一家好的公司啊！但她知道自己外語學得不好，進外商大多都是要求外語水準的，自己是心有餘而力不足，只能憑空想想罷了。「心有餘而力不足」是職場上很多人普遍存在的問題，培根說：「知識就是力量。」知識決定一個人的能力，能力決定一個人的發展前途。知識是工具，能力是目的，所以不必抱怨社會的不公平什麼的，職場之中，絕大多數的時候是因為你的能力不行，直接決定了你現在的職位和薪資水準。

能力是知識的具體表現，是知識的運用，知識是能力的基礎。有能力者未必成功，但成功者必有能力。不正視知識和能力的瓶頸，就有可能成為新的失業者，走向職業瓶頸。要跨過能力瓶頸這道坎，最關鍵的是要根據自身素質優勢，及時充電，根據環境選擇最適合自己的學習或再就業的方式，實現「技能儲備」。

多一分努力，多一次機會

如果說人世間有天才存在，那也只是因為他們比別人多了那份百分之一的靈感，而剩下的百分之九十九都是用來澆灌成功之花的汗水。無數事實證明，只有勤奮學習和刻苦努力的人，才不會走上職業瓶頸之路。

學習中，資質平庸的人，只要用心專一，假以時日，必有所成。相反，天資聰穎的人如果心浮氣躁，用心不專，只會辜負上天的厚愛，最後陷入瓶頸。

劉東和李輝是高中同學，大學入學考試的成績也不相上下，同時考入了某大學，但就在收到錄取通知書的同時，劉東的母親突患急症而入院急救，經查診為腦溢血，因搶救及時而無生命危險，但卻從此成了植物人。這無疑給那個本不寬裕的家庭造成了重創，望著白髮愁眉的老父和躺在加護病房裡的母親，劉東決定放棄學業，以幫老父維持這個家的生計。為了償還給母親治病欠的債，他決定出去打工。

在建築工地上，劉東起初是個苦力工，由於有些教育程度，經理有意要劉東到後勤去做做預算什麼的，但後勤是固定薪資，收入穩定但不高，劉東就請經理給安排在一線能賺錢多一點的職位。在工作期間，劉東邊做邊學，虛心請教，做事很勤快，對任何不懂的東西都向有關的師傅請教。在實踐中虛心學習，使劉東在一年多的時間裡掌握了幾種主要建築工程必備的技術。但這只是實際操作知識，劉東又利用那點有限的休息時間，購買了一些建築設計、識圖、間架結構等有關書籍資料，開始在蚊子叮、燈光暗的工寮裡學習。

劉東偶爾與李輝通信，他在信裡給劉東描述大學的生活如何的豐富多彩，信上說，大學裡可以和同學談戀愛、進舞廳，同學們可以到校外去聚餐郊遊喝酒。劉東寫信說自己打工的環境很苦，沒有機會上大學了，勸李輝要珍惜那裡優越的學習機會和環境。李輝回信說在大學裡學習一點都不緊張，只要學得別太差，一樣會拿到畢業證書的。

第二年，劉東基本掌握了建築的各種操作技術和原理，漸漸由技術員上升為副經理。由於劉東的好學肯幹精神，以及扎實的功底，公司試著給劉東一些小專案讓其去施工。由於措施得當和管理到位，劉東的每個專案都完成得非常出色，在這期間，劉東仍沒放棄學習，自修了哈佛管理學院的系列教程，還選修了一些和建築有關的學科，準備參加同等學力考試，完善自我。

第三年，公司成立分公司，在競選經理時，劉東以優秀的成績競選成功，他準備在這個行業中一展宏圖、建功立業。

同年六月，上大學的李輝畢業了，由於平時學習不太刻苦，有幾科考得很不理想，勉強拿到畢業證書。因此在很多用人單位面試時都落選，只有一家小公司看中他，決定試用半年，由於剛畢業且在試用期，薪資和待遇不高，加上工作環境不理想，李輝很惱火。由於他學習成績不佳，且在工作中態度不理想，雙方均不滿意，只好握手言別，李輝又加入到了失業的大軍之中。

此時的劉東已是擁有近千人的工程公司的經理，仍在遠距教育網上進修和業務相關的課程。李輝找到劉東說自己要給劉東來做個助手：「朋友嘛，總有個照顧。」劉東說：「來工作可以，我這裡同樣也只講效益和貢獻，不談朋友和照顧。要拿得出真才實學，到哪兒都會得到承認，如果光靠朋友和照顧，那是對你以及我公司的失職，那永遠是靠不住的。」

同樣在一個起點上起步，結果卻相差萬里。一個事業蒸蒸日上，另一個卻引發了職業的瓶頸，到處奔忙不息。其中原因很明顯，就是因為劉東刻苦努力學習了，而李輝卻浪費了大好時光，沒有好好為自己充好電，結果在激烈的競爭中一敗塗地。

有人常常抱怨，陷入瓶頸都是上天不給機會，環境沒給自己造就良好的條件。很多人在這些理由下就不再去學習，而是得過且過，在滿足現狀中浪費著時光。可是，我們必須認識到，你自己的人生道路怎樣走，自己有著決定權，如何把握，那就看你在生活中的學習態度了。學習——這個概念應該是廣義的，不是狹義的指在學校到課堂照本宣科的學習，也不是辦培訓班找模範的示範性的教條主義學習。孔子說：「三人行，必有我師。」如果你想學，在乞丐那裡都有值得你學的東西，要是不想學的話，即使在哲人面前，你也會有副不可一世的傲氣。因此，學習的過程，應是一種永不滿足的求學狀態。不管你是否已經工作，學習的機會是無所不在的，各種環境與機構處處在學習。學校教育僅僅提供學習機會的一部分，學習場所更不是只有學校而已，身在職場更應該努力充電，多一分努力便多一次機會。

當今社會，知識更新日新月異，有的人掌握的知識的確很豐富，但也未免在自鳴得意的同時遇到不可救藥的麻煩。我們必須知道，追求知識永遠沒有止境，只有我們不斷堅持努力學習，不斷更新知識，才能適應和跟上社會的發展，否則只會陷入到瓶頸中去。

要用一滴水，須備一桶水

在競爭激烈、做事憑本領的當今職場，有些人存有一種僥倖取勝的心理，平時不踏踏實實學習，而是指望哪天碰到一個偶然的機會來實現自己的夢想，這種指望太過於渺茫，這是一種不切實際的心態，早晚會走上瓶頸之路。「不經一番寒徹骨，怎得梅花撲鼻香。」要實現自己的遠大理想就得付出艱苦的勞動。多一分勞動，就會在社會的競爭中多一分收穫。成功總是青睞於那些有準備者，要用一滴水，須準備一桶水才行，當機會來臨的時候你還沒有準備好，那當然就要痛失良機了。

對於職場中滿足現狀的人，著名主持人楊瀾給予了這樣的忠告：你可以不成功，但不能不準備成功。為了讓大家更好的理解這句話的意義，楊瀾還講了自己採訪美國前國務卿季辛吉博士的兩次經歷。

第一次採訪季辛吉時，她還在美國留學，剛剛開始做訪談節日，特別沒有經驗。她問的問題都是東一榔頭西一棒子的，比如，那時你吃北京烤鴨，你吃了幾隻啊？你一生處理了很多的外交事件，你感到最驕傲的是什麼？

後來，楊瀾再次採訪了季辛吉。那時她就知道再也不能問北京烤鴨這類問題了。雖然只有半小時的採訪，但她的團隊把所有相關的資料都搜集了，從季辛吉在哈佛當教授時寫的論文、演講到他的傳記，有厚厚的一疊，還有七本書。

對於第二次採訪，楊瀾的感受是，她準備了一桶水，最後只用了一滴，但是你這些知識儲備，能使你在現場把握住問題的走向。楊瀾至今還記得她問季辛吉的最後一個問題：「這是一個全球化的時代，有很多共贏和合作的機會，但也出現了宗教的、種族的、文化的強烈衝突，你認為我們這個世界到底會往哪兒去？和平在多長時間內是有可能的？」季辛吉聽完就站起身說，你問了一個非常好的問題，隨即闡述了他對和平的理解：和平不是一個絕對的和平，而是不同的勢力在衝突和較量中所達到的一個短暫的平衡狀態。

這個採訪做完，很多外交專家認為很有深度。雖然楊瀾看了那麼多資料，可能用上的也就一兩個問題，但事先準備是絕對有用的。所以她一直認為要做功課。她認為，自己不是一個特別聰明的人，但還算是一個勤奮的人。她往往會透過做功課來彌補自己的不足。

楊瀾總結過去，認為自己最大的心得是，這一輩子你可以不成功，但是不能不準備成功。她說自己想表達的是，每個人都在努力，這種努力是一個不斷發展的動態過程。也許你在某種場合和時期達到了一種平衡，而平衡是短暫的，可能瞬間即逝，並不斷被打破。所以努力是無止境的。

其實人生所遇到的機會就像一輛火車，按時發車，不去等待任何人——不管你來與不來。每個機會的實現，都有賴於大量的準備工作和複雜的操作過程。但有些人卻錯誤的認為機會是一輛計程車，隨時隨地，招手即停，結果錯過了很多機運。因此，抓住機會比什麼都重要，但是機會並不是隨隨便便就能夠降臨到你的頭上的，你必須做好充分的準備才行。

所以，身在職場的人們需要了解自己的缺點和不足，並對此加以修正和彌補，才能夠在競爭中做到「胸有成竹」，從而戰勝對手，實現自己的遠大理想，避免整日徘徊在瓶頸邊緣。

姜華是個身材矮小的大學應屆畢業生，他清楚自身條件在就業競爭中的劣勢，也曾嘗過在就業競爭中失敗的苦果。所以，他加倍的付出勞動，刻苦學習，累積了不少的專業知識和勞動技能。恰好有一家日商企業招聘業務人才，姜華在一連串的筆試、面試、技能測試等過程中表現出色，受到日本企業的好評，因此被錄用。

人生遠大理想的實現從來都與懶漢懦夫無緣，要用一滴水，須備一桶水，平時做好準備，努力學習，勤奮勞動，堅持不懈，積蓄力量，時刻做好衝刺的準備，一旦時機成熟，飛黃騰達自然不在話下。

在這個競爭激烈的時代，機運對每個人來說是多麼的可貴。你錯過了一次機會，就等於錯過了一次成功的可能，錯過了成功，卻有可能陷入瓶頸。因此，可以不成功，但不能不準備。為了關鍵時刻用上一滴水，平時就要準備好一桶水才行。

該「充電」時要「充電」

如今社會經濟的發展是日新月異，各種工作所需的知識層次也日益升高。如果你知識底子薄，不願意艱苦的再去深造，而且還死守陳規，等待你的就只能是職業瓶頸。

有這樣一項統計很是耐人尋味：在現存的各個行業中，最近短短五年的時間裡，居然一下子消失了三千多個工作類別，新知識的發展，新技術的進步，淘汰了原有的工作方式。這讓那些被淘汰工作類別的從業者從此無法在社會上打拚和立足。對於其他靠著飯碗吃飯的就業者而言，這種現實也對其現有的職位產生了很大的衝擊力。因此，在奔騰的時代大潮前，技能如果落後了，你還怎樣適應變化呢？這便是被人力資源專家稱為「知識」或「能力」的瓶頸。

其實知識本身並沒有力量，只有將知識轉化為高效的工作技能，才能產生力量。同時由於知識的更新越來越快，知識的折舊和貶值也越來越快，因此，我們必須與知識的折舊與貶值賽跑——進一步再學習，也就是通常所說的及時「充電」。

人力資源專家王魯捷教授認為，個人能力包括能質和能級兩個方面。能質是指個人能力所存在的質差，意味著你最適合做什麼；能級則是指你在某一職位上的具體表現。應對能力瓶頸，一方面要彌補「短缺」，使你的個人能力與職位要求相配；另一方面，技能也要與社會需求相適應，提高的應是時代需要的，而不是老化的、過時的技能。

進一步再學習，已成為當今職場的一種時尚。在做到真正的認識自我的基礎上，結合自身的薄弱環節而不斷充實自己、提高能力，只有做到這樣，才會持續保持前進的方法、動力。

越來越多的職場中人選擇「充電」來提高自己的競爭力。為適應現代競爭激烈的社會潮流，無論求職者還是在職者，都在積極為自身「充電」。近年來，已有上千名私人企業老闆自費學習，學政治，學管理，了解經濟形勢。連成功的大富豪們都有一種知識的瓶頸感，就更不用說普通的員工了。

該「充電」時要「充電」

不管是老闆還是員工，人們都深刻認識到要與時俱進，必須認清形勢，提高自身素質。有的私人企業老闆還學上了癮，據李興浩所說，他第一次去學習是上世紀的九〇年代末，當時同去學習的人還鳳毛麟角；可是最近他再次造訪，發現那裡的「學子」已經摩肩接踵。「充電」是防止知識、能力「折舊」的最有效的辦法。現在，人們不只是忙於專業技術培訓和技能培訓，而且已經開始盛行對口才、人際溝通、心理狀態等體現綜合素質的「軟充電」。

趙瑩瑩研究所畢業後，被聘入一家規模較大的貿易公司，經過兩年多的拚搏就做上了專案部助理。她一向積極的工作態度和良好的工作業績，贏得了主管的信任，一年後又被擢升為了總經理助理。在升職後，她感到工作壓力明顯增大，按理說她研究所畢業學歷已經不低，可是真正工作起來有時還真感到有些力不從心。所以她一直不忘學習，積極總結工作經驗，積極進取，不斷的提高自己的綜合素質，工作內容也開始擴大範圍，從專案管理拓展到了財務管理、人力資源管理、市場開發等方面。她清楚，越高的職位必然對自己提出更高的要求，只有不斷提高綜合素質，才有可能獲得晉升。所以在工作中她非常注意累積經驗，並利用業餘時間系統學習了人力資源相關課程。後來，果然皇天不負有心人，公司的人事主管退休離職，趙瑩瑩不費吹灰之力就補上了這個「缺」。三年之後，她順利晉升為人力資源總監。

曾在一家IT公司上班的周全，大學剛畢業就來到現在這家公司工作，現在已經工作四年了，可是作為老員工的他，在這次公司進行人才調整中不但沒能被提拔，反而被冷落在一邊無人問津了。雖然他的技術並沒有過時，但是，失敗的致命原因就是他的技術過於單一。這一點周全自己也意識到了，他也明白，自己的確是應該去「充電」了，自己的技術需要更加完善才行，只有這樣才能很快適應公司的調整。本來IT行業的知識更新就非常快，如果自己追不上，一定會被淘汰的。現今社會的人們，面對近於殘酷的就業競爭壓力，大部分職場中人早已經意識到了參加培訓、給自己不斷充電的重要性。

當今時代是資訊爆炸的時代，知識的保鮮期越來越短，文憑的時效性也越來越短，面對不斷變換的市場，對於每個人的知識要求也變得越來越苛刻。要想適應當今社會的生存法則，要想自己關鍵時刻不落人後，就要學會積極「充電」、不斷「充電」，這樣才能提高在職場中的競爭力，才能避免在競爭中陷入瓶頸。

書到用時方恨少

在生物醫藥公司做了兩年研究員的小斌，本是處在職業上升階段，可他最近卻懊惱的發現，如果沒有碩士以上學歷，基層研究員這個身分可能跟定他十年甚至更久。看到公司裡四十多歲的老研究員們，日復一日的做著一樣的實驗項目，他就好像看到了自己的將來。他尋思著，趁年輕，到國外念個 MBA，回來就可以輕鬆占據公司的中高層管理職位了。

在現代社會裡，擁有了知識就擁有了財富，這幾乎是一個不爭的事實，所以知識就是財富。知識會深入你的思想，幫你做出正確的選擇，讓你能夠發揮更大的人生價值，創造更多的財富。

沒有知識，只怕你連驚濤駭浪還沒見著，就覆沒在一片小小的浪花中了。

但是我們常常會看到這樣的人，他總是抱怨，自己有多麼多麼高的文憑可就是找不到好工作。其實，文憑只能是用來證明你學過了或是用來證明你完成什麼學業了，文憑並不等於知識，也不能證明你多有能力。還有些上班族藉口工作忙，平時不好好學習、不積極進取。等到老闆真的要他拿出個可行的方案時，他就東拼西湊、拉拉雜雜的弄了一個自己也不知為何物的東西送了上來。這樣的課題「方案」怎能稱之為方案，瞎子亂彈琴而已。還有些人總喜歡為自己找個藉口而「明日復明日」。「從明天開始吧，今天鬆弛一下。」這是他們常掛在嘴邊的話。今天設想千條路，明天還是舊路行。計畫多、決心多，落實卻沒多少，事情總是推到明天做，明天又吃後悔藥，惡性循環。最後到了關鍵時刻臨陣磨槍，這時才想起來「書到用時方恨少」。

身在職場，如果總這樣下去，久而久之必然會得不到老闆的信賴，進而引發職業的瓶頸。所以知識是很重要的，不管你身在何種位置，知識始終是你最好的籌碼，有了這知識的籌碼，你才有信心和勇氣去拚搏，也有了競爭的本錢和晉升的優勢。

有很多人在上大學的時候或許體會不到知識的重要，也不知道具體要學習哪些方面的知識，因此四年下來學的課程雖然很多，可是真正掌握的卻沒有多少。等到畢業，一個個都面臨著找工作的壓力，面臨人生的又一大轉捩點，出現了很多問題。工作應該選擇什麼行業，是做本科專業的還是轉行呢？由於本科專業知識學得不精，在找工作的時候當問到專業知識時又答不上來，這個時候才知道原來自己四年下來什麼知識也沒學到，後悔已晚了。如果轉行不做本科專業，那將面對更多的挑戰，重新了解一個新的行業並非易事。隨著時間的流逝，有的人一直在求職大軍中疲於奔命，或者選擇考研究所進修；有的人幾經周折慢慢有了工作，與專業對口的不對口的都有，但是走上工作崗位時又是一片茫然，這時方才知曉「書到用時方恨少」，只好拚命加班、拚命努力，以此來爭取老闆的認可，否則稍一疏忽，便有可能混丟了「飯碗」。

王兆軍是一名普通的打工者，他學的是軟體發展科系。當初畢業的時候沒有找到本科專業的工作，因為軟體發展要涉及到很多程式設計，而小王最煩的就是程式設計，上學時候就沒有學好，找工作也不想找這方面的工作。可是幾經奔波，想找其他專業的工作卻也並不容易。後來到了現在他工作的這家軟體發展公司做開發人員。當初來這家公司面試的 時候就有很多問題都沒有答上，當時很尷尬，多虧老闆給了他機會，他才能來上班。

開發人員其實也就是打雜的，很少涉及到程式設計方面的知識。那時正好有好多資料要處理，所以小王那段時間每天都在網路上找處理方法，之後就使用各種軟體進行格式轉換。可是鬱悶的是，有一天電腦出問題了，由於小王不懂重灌系統方面的操作，在恢復之後把所有的磁片都整合成一個光碟了，就這樣，一個多月辛辛苦苦找的資料說沒就沒了。小王心裡這個難受的程度就別提了，他後悔平時沒有好好學習專業知識，到工作崗位上之後處處捉襟見肘。沒辦法，工作還得繼續，那些資料也找不回來了，只能重新開始，小王只好天天加班。

為了防止類似的事情再次發生，也為了日後在職場中能夠站穩腳跟，避免引發職業的瓶頸，小王決定向軟體測試方面發展。於是他平時利用業餘時間勤學苦練，參加培訓，不斷進修，一年後，老闆將小王調到測試部，開始了他新的職業歷程。

現在的社會背景下沒有知識是不行的，一個人知識的短缺，絕對會導致他職業瓶頸的爆發，這是毋庸置疑的。一個人知識的多少是一個不斷累積的過程，萬不可等到「書到用時方恨少」，到那時，「恨」已經毫無意義了。因此，在當今這個多元化的社會中，我們要虛心努力學習，用知識武裝頭腦，提高自身的工作能力和素質，這樣才不至於陷入瓶頸。

向成功者學習

很久以前，有一個貧窮的猶太人，見一個富人生活得非常舒適、非常愜意。於是他告訴自己說：「走著瞧！總有一天，我會比你更富有，比你過得更好！」

於是，他對富人說：「我願意在您家裡為您工作三年，我不要一分錢，但是您要讓我吃飽飯，給我地方住。」

富人覺得這真是千載難逢的好事，馬上答應了這個窮人的請求。三年之後，窮人離開了富人的家，不知去向。五年過去了，那個昔日的窮人已經變得比富人還富有了，相比之下，以前那個富人卻顯得很寒酸。於是，富人向昔日的窮人提出請求，願意出錢買他富有的經驗。

那個昔日的窮人聽了，哈哈大笑：「我用的正是從您那兒學到的經驗啊！」

根據猶太人的經驗，我們不難看出，智慧源於學習、觀察和思考。變成成功者的第一條途徑就是向成功者學習。上述那位窮人就是靠著和富人共同生活，在富人的「言傳身教」中學到了富人的經驗和智慧，才使自己有了智慧、有了財富。

如果，在職場中，你遇到了比自己優秀的成功者，你會如何面對呢？是羨慕、是嫉妒，還是欽佩、嚮往？是漠然不見，還是以其為奮鬥的標竿，努力向上呢？羨慕、欽佩也好，嫉妒、嚮往也罷，都是很好理解的一種心態。因為面對一個事事做到「最好」、事事可為他人楷模的成功人士，個性不同的人會給出不同的理解，心胸狹窄的人會認為成功者是自己晉升的絆腳石；而樂觀開朗、目光長遠的人則會將優秀者作為自己學習的榜樣，並以其為自己努力奮鬥的目標，虛心向其討教，學習其成功的經驗。

站在巨人的肩上，借鑑別人的成功經驗，對於我們人生和事業的啟發作用，是我們靠自己苦苦摸索多少年都難以達到的。在我們的身邊，不難發現，那些積極進取的人總是善於掌握第一手的資訊，然後不斷的學習他人的成功經驗，不斷的自我反省，糾正自己前進的方向，讓自己在競爭中占有絕對優勢。這也是在當今競爭激烈的職場中，避免職業瓶頸的一種有效手段。

每個人都有與眾不同的地方，都有自己的獨特之處。有很多時候，我們以最普遍的觀點去衡量一個人是否優秀，認為只要是符合道德要求的，就是優秀的，否則就視為洪水猛獸，欲除之而後快。實際上，有的優點卻正是顛覆傳統觀念的，只要這些優點是符合人類發展總趨勢的，不違背自然界的基本規律，我們都可以加以欣賞和學習。

假如你能夠遇到相當優秀的人，那麼，在工作的過程中向他學習，虛心討教，不僅可以避免一些低級錯誤，還會發現新的機會，得到更多的經驗，這樣便有效的增強了職場競爭力。

史蒂芬．史匹柏是當今好萊塢最有名的導演之一，導演了《鐵達尼號》、《搶救雷恩大兵》等著名的大片。他十三歲時就想成為一名電影導演，十七歲時，他作為一名遊客參觀了環球電影公司。在那裡，他擋不住誘惑，偷偷的離開旅遊團，溜進了正在拍攝電影的攝影棚，找到了主任，並跟他聊起了電影製作而且虛心向主任請教。

第二天，史匹柏穿上西裝，借了父親的公事包，騙過保全人員，走進了那個電影攝製場，似乎他就是裡面的工作人員一樣。他找到一間廢棄的工作室，並在門上張貼起「史蒂芬．史匹柏導演」的字樣用來督促自己。他在電影攝製場「工作」了一個夏季，盡其所能學習了有關的電影製作知識。

後來，他如願成為電影攝製場的正式成員，拍了一個短片，並最終贏得了環球電影公司一個為期七年的價值不菲的合約。

實際上，想要成為一代大師，主動的向夢想最容易實現的地方走非常重要，那裡有你所需要掌握的一切。但是，這還遠遠不夠，你必須努力的去掌握知識，向成功的人士虛心請教，並將外部知識轉化為自己的東西才行。

比爾．蓋茲曾經說：「一個人如果善於學習，他的前途會一片光明，而一個良好的企業團隊，要求每一個組織成員都是那種迫切要求進步、努力學習新知識的人。」

如果你是一個精明的人，你就應當學會用時間為自己「投資」，隨時隨地向成功者學習，不斷提高自身素質，以培養自己適應未來社會的能力。

西方研究人員經過研究證實了這樣一個規律：那就是一個人經常接觸的六個朋友，在很大程度上決定了他一生的價值。為什麼呢？這是因為一個人性格的形成、資訊的獲得以及所處的環境，是源自他最親近的人，而這些東西在很大程度上決定了他的眼光、品味並左右著他的行為，當然也就影響了他的一生。

所以，職場之中，累積知識能力的提高對你的職業生涯有莫大的影響。在這個「知識經濟」時代，我們必須注重自己的學習能力，必須能夠勤於學習、善於學習。向成功者學習是一個非常有效又簡捷的學習手段，懂得了這個學習方法，再加上你的勤奮和努力，你的競爭力自然會增強，職場瓶頸當然也就離你遠去了。

學習是一生都要經營的財富

二〇〇八年北京奧運會乒乓球男子單打的四面金牌全部被中國隊收入囊中，在賽後騰訊網對乒乓球男隊的採訪中問到這樣一個問題：「二〇一二年，這三名隊員是不是還會參加？」劉國梁說道：「我相信他們三個中會有人參加，但是全參加的可能性不大，註定有被淘汰的，因為從器材上、規則上，包括面對年輕人的挑戰都對他們是一種瓶頸，所以我覺得作為他們來說，如果想繼續的話，他們只有付出更多更多的努力。」

學習是一生都要經營的財富

劉國梁的這段話不禁令人想起了另一個寓言故事：每天，當太陽升起來的時候，大草原上的動物們就開始奔跑了。獅子媽媽在教育自己的孩子：「孩子，你必須跑得再快一點、再快一點，你要是跑不過最慢的羚羊，你就會活活的餓死。」在另外一個場地上，羚羊媽媽也在教育自己的孩子：「孩子，你必須跑得再快一點、再快一點，如果你不能比跑得最快的獅子還要快，那你就肯定會被他們吃掉。」

這就是競爭，無論在生活中還是在工作中，大家希望得到的都是一種安全感，然而在現在這個競爭激烈的社會中，誰都無法將自身處於一個安全的位置，來自外界和自身的壓力會不停的讓我們充滿了瓶頸感。因此，為了在競爭中勝出，我們都需要不斷學習。

有人說二十一世紀將是科技的世紀；有人說二十一世紀將是一個屬於知識經濟的世紀；但我要說：二十一世紀將是一個屬於學習的世紀。人是所有地球生命中適應自然環境的能力最弱的，但人卻成了地球上生命力最強大的動物。人類統治了這個世界，這一切都是因為人類具有強大的學習能力。學習造就了人類，學習是人類一生都要經營的財富。

俗話說：技多不壓身。在職場上，每個想要有所成就的人都想被老闆重用，成為「三高」人群（高學歷、高收入、高職位）。這個過程不會一步到位，而是要不斷的學習、進步。於是選擇充電的人們就有五花八門的原因了。每個人的職位不同、起點不同，條件各異，那麼他們的目的也就是因人而異了。但終極目的是要給自己的職場生涯增加更多的機會。能力高了，也許職位就高了；水準高了，也許收入就高了。

學習，只有不斷學習，不斷為自己「充電」，才不會被這個時代拋棄，才不會走上職業的瓶頸。

一九九〇年二月，楊瀾以其自然清新的風格、鎮定大方的台風及出眾的才氣被聘為節目主持人。從一個普通的大學生，成為電視台節目的主持人，榮譽和成就一起向楊瀾湧來，但楊瀾沒有驕傲，也沒有滿足。

一九九四年，在完成了節目二百期製作之後，楊瀾跨越太平洋去了美國，攻讀哥倫比亞大學國際傳媒碩士學位繼續深造。

正值事業最輝煌的時候急流勇退，這意味著楊瀾要放棄目前所擁有的一切，包括觸手可得的美好未來。這讓當時的很多人都不理解，因為楊瀾完全可以在她現在的位置上享受她已經獲得的成功和榮譽。但是，一個真正的成功者是不會永遠滿足於已有的成就和榮譽的，他們會在一種拚搏進取的精神中提煉出更有價值的智慧。所以楊瀾從令人羨慕的主持人又變成了學生。

當楊瀾第二次出現在媒體上時，她的形象已經發生了翻天覆地的變化。她的境界已非昨天能比，她在自己的人生道路上又上了一個台階。

不管你已經取得了一定成就也好，還是正在努力進取中也好，學習是一個人一生都要經營的財富。其實，學習同樣也是一種生存能力的表現，你的天資聰穎，別人的天資也並不見得比你差。他人在不斷的學習，而你止步不前，到最後，你必落後於人。而在當今的企業裡，落後就要挨打。落後就意味著很可能會引發被淘汰的瓶頸。

在職場中，常常會有這樣一種情況發生：兩個年輕人同時被某大公司錄用，甲不僅擁有較高的學歷且才華橫溢，而乙卻是自學成材，他甚至連一個像樣的文憑都沒有。往往開始的時候，甲會憑藉自己優異的表現博得上司的欣賞。而後來的結果卻往往是：乙得到了擢升，甲卻依然停滯不前。這又是為什麼呢？

道理很簡單。安於現狀的人往往會忘記了變化的存在，而時刻都懷有瓶頸感，進而不斷透過學習來完善自己的人，卻往往能在變化中獨領風騷。

隨著知識時代的到來，企業之間的競爭越來越表現為員工素質的競爭，只有具有高素質的人，才能有高素質的企業。而員工的高素質，在很大程度上取決於其學習能力。從這一意義上說，在新的時代背景下，企業競爭的實質是學習能力的競爭，企業競爭唯一的優勢是來自比競爭對手學習得更快的能力。

其實，人的一生就是一個不斷學習的過程。即使你沒有意識到這一點，你也是一直在生活中、工作中學習。但這種被動的學習效果肯定不會明顯。如果你自己有這方面的意識，激發自己的潛能，不斷的主動學習，你就能一直保持強大的競爭力，而不會陷入到職業瓶頸中去。

第十章　協調你的人際關係

年輕世代的身上往往都會存在一些人際交往障礙，一方面喜歡熱鬧，一方面又會覺得「人多時候最寂寞」；他們一方面渴望被人理解和尊重，一方面又不願意別人給自己提意見。具體表現在行為上，有時候可能是不懂得如何表達自己，因此難以擴大交際圈子；有時候卻是不善於與領導溝通，以至於耽誤了自己的前程。

一個好漢三個幫

常言道：「一個好漢三個幫，一個籬笆三個樁」，「一人成木，二人成林，三人成森林」，懂得建立人脈，便可以得貴人幫助，獲得多方援助，可以讓你比別人更快速的獲取有用的資訊，進而轉換成工作升遷的機會，或者財富；而在瓶頸來臨或關鍵時刻，也往往可以發揮轉危為安的作用。

作為一名員工，擁有良好的人際關係，才能在自己周圍創造出一個和諧的工作環境，才能有利於工作上的交流，以便能夠透過團隊的力量進行有效合作，促進工作上的進展；同時也對一個人獲取高薪及職業生涯的長遠發展大有裨益。

人脈也就是通常人們所說的人際關係網。在現代職場，一個人能否有更高的收入，不僅取決於本職工作的完成品質，更大程度上還取決於他的人際關係網路。戴爾．卡內基曾說：「專業知識在一個人成功中的作用只占一五％，而其餘的八五％則取決於人際關係。」良好的人際關係及其運用，是現代人發家致富、功成名就的第一法寶。人脈資源被認為是一種潛在的無形資產、是一種潛在的財富——人生最重要的財富、事業最寶貴的資本，它不是直接的財富，但是如果你沒有它，就很難聚斂財富。

因此，你要想永遠擺脫職業的瓶頸，而在職場上能夠有更大的發展，不妨學會善用人脈資源。一個好的人脈關係網，可以讓你的個人職業生涯和生活更容易成功，帶來更多財富。

蒂斯在美國的律師事務所剛開業時，連一台傳真機都買不起。移民潮一浪接一浪湧進美國時，他接了許多移民的案子，常常深更半夜被喚到移民局的拘留所領人，還不時的在黑白兩道間穿梭。他常開著一輛掉了漆的小車，穿梭在小鎮間，兢兢業業的做著律師的工作。由於他接觸的大多都是移民，因此結交了不少移民朋友。在這些移民朋友的幫助之下，不到半年的時間，他就擁有了上億美元的資產。無意間的滴水之恩，帶來的是受助者日後的湧泉相報，會有這樣的結果，正是蒂斯的人脈在幫助他。

一位如今小有成就的年輕人，他用自己的五年人生經歷，證明了有效的人脈關係網能夠幫助你成就你的事業。五年前他考上了不錯的大學，卻因為沒錢而無法就讀，只好開始工作，成了一名送水工人。他很珍惜這份工作，雖然一般人都覺得送水很下等。送水到客戶家裡時，有的樓層沒有電梯，他就扛上去。每天回到家中，他覺得骨頭都快散開了，晚上還腰痛得睡不著覺。無論見到哪位客戶，他都保持禮貌；每次送水到客戶家，他都是輕輕的敲門，脫掉鞋光著腳進屋的。每替一位客戶送完水，他都會在心裡默念上幾遍，記下客戶的姓名和用水情況。

送水工作通常都是按件計酬的，一個送水工人的月收入只有五百塊錢左右。他很勤快，但每個月也不過六百元收入。可是，就是這樣一份又苦又累、收入又低的送水工作，他一做就是五年。在這五年裡，很多客戶都與他相熟，不少人好奇的問他：「小夥子，你年輕力壯又念過書，為什麼不去找更能賺錢的事做呢？」他回答：「我覺得送水這工作挺好的，我喜歡做這個。」

五年後，他辭職了。他用自己所有的積蓄開了一家送水公司。人們認定他必敗無疑，城裡的人家早就訂了水，他一家新開的公司，誰訂他的水啊？

令人意外的是，他很快就擁有了許多訂水客戶，都是他五年來認識的老客戶和老客戶們的親朋好友。迅速的，全城送水業務的一半占比都是他的了。他也不需要親自去給別人送水，只要坐在辦公室裡接洽業務就行，因為他招聘了十多名送水工人。慢慢的，他的業務做得越來越大。

有人向他討教成功祕訣：「你是怎麼創造這個奇蹟的？」他說：「在這座城市裡，有幾個人送水能送上五年的呢？只有一個，那就是我！在這五年裡，我拚命的結交客戶，給他們留下好印象。我問他們，要是我開了公司，訂不訂我的水？他們都表示願意訂。水都是一樣的，不同的是人。五年下來，喝我送去的水的客戶根本不記得我以前所在的送水公司，只記得我這個人。因此，我的公司一開張，就贏得了這麼多客戶。」

可見，人脈關係帶給一個人的收益可能是無法預計的。作為職場中人，你的人脈網路越寬，你賺錢的門路也就越多，同時，你距離職業瓶頸也就越遠。所以，要想使所做的工作卓有成效，為日後自己的事業打下基礎，懂得學會利用人脈資源，是一件絕不能忽略的大事。

找個「梯子」往上爬

在職場，你要試著找到一個「梯子」往上爬，因為靠你自己一步一步往上走是很慢的。什麼是你可以用的「梯子」？你的實力、別人的實力；你的智慧、別人的智慧；你的人脈，別人的人脈……當你把這一切都運用自如的時候，你就在一把堅固的「梯子」之上了。

你想找到那把「梯子」，首先要保證自己有足夠的實力，否則你就算爬上去，也很可能因為站不穩而跌下來。其次你要借助別人的實力，讓你的上司、你的同事在關鍵時刻推你一把。這就要求你具備好的人緣，或者好的背景，不管你靠什麼，總之要想找到梯子，你就得動用所有的智慧來抓住那些需要的東西。

當你學會運用別人的智慧之後，你找起梯子來就毫不費力了。我們來看一個故事：

有一個縣太爺，為了教化民心，計畫重建縣城當中兩座比鄰的寺廟。公告一經張貼，前來競標的隊伍十分踴躍。經過層層篩選，最後有兩組人馬成為候選者：一組是工匠，另外一組則是和尚。縣太爺說：各自整修一座廟宇，所需的器材工具，官家全數供應，工程必須在最短的時日完成，整修成績要加以評比，最後得勝者將給予重賞。

此時的工匠團隊，迫不及待的請領了大批工具，以及五顏六色的油漆彩筆，經過全體員工不眠不休的整修與粉刷之後，整座廟宇頓時恢復雕梁畫棟、金碧輝煌的面貌。而那邊，和尚們只請領了水桶、抹布與肥皂而已，只是把原有的廟宇玻璃擦拭明亮。工程結束已到了日落時分，評比結果揭曉的關鍵時刻來了。這時天空中的落日餘暉，把工匠寺廟上的五顏六色，正好映射到和尚的廟上。和尚們整修的廟宇，呈現出柔和而不刺眼、寧靜而不嘈雜、含蓄而不外顯、自然而不做作的高貴氣質來，與工匠整修的眼花撩亂的顏色呈現出非常強烈的對比，雙方成績也立刻有了高下之分。

其實，廟宇作為寧靜的地方，適合淨化心靈，過於華麗鋪陳反而不適合它本身。從這一角度看，和尚們的境界就要高出許多。二者修廟的理念也迥然不同。和尚利用最簡單的法則來駕馭最複雜的環境，用最少的資源創造最大的成效，用最無形的觀念超越有形的物質。換句話說，他們只是充分的借用、活用及善用別人的無形智慧與資源罷了！然而他們卻輕輕鬆鬆贏了這場勝利。

現代職場，光會做工作是不行的，把工作做好才是老闆想要的結果。如果你能利用別人的智慧又快又好的完成任務，何愁抓不住升遷機會呢？善於借力敢於創新的人，才擁有最大的競爭力，才能以最快速度找到那把攀登職場山峰的梯子。

當你找不到那把梯子的時候，不妨學著做一做別人的「梯子」。職場競爭雖然激烈，卻也有著一定的人情味，當你給了別人脫穎而出的機會，別人也會想辦法幫助你超凡脫俗。這需要你首先具備一種自我奉獻的精神。

在「傑克·威爾許一場與企業領袖對談的高峰論壇上，一位參加的來賓在出了二十五萬元高價獲准提出的七個問題中，其中有一個是：怎樣才能做一個百年老店？威爾許的回答無論如何包裝，仍然是一個簡單的道理：甘做「人梯」。

威爾許早在自己的職業生涯如日中天時就開始挑選和培養接班人。在他應當退休的時候，也如願退出自己得以成名的奇異公司 CEO 的位置。儘管他還有相當的精力去世界各地演講，但是他並沒有在號稱世界第一經理人的工作平台上「發揮餘熱」。俄羅斯前總統葉爾欽也是一樣，在他的任期即將跨越一個新的千年的時候，他出人預料的讓出了總統的權杖，把年富力強的繼任者推上了歷史的舞台。歷史將證明他們的做法是明智的，他們為之獻身和驕傲的事業因為自己的退出而更為穩定的邁進了一大步。

甘做「人梯」，可以使你突破人生的局限，為你的事業打造出新的精彩。與其苦心孤詣的想要讓自己立於不敗之地，不如從甘做「人梯」的簡單事情上做起。當然，你絕不能因為自己做出奉獻而對別人頤指氣使，企圖束縛人家的手腳。事實上，當你幫助別人的時候，你也會從中或多或少得到一些好處的，起碼你的心靈會因此而充實。在生活中，你也不妨多一些甘做人梯的精神，這樣你也能找到讓生活更加美好的那把梯子。

一個漆黑的夜晚，沒有月亮，也沒有星星。有個人因為有急事要去一個住在郊區的同事家，為趕時間，便抄近路走入一條偏僻的小巷。他心裡害怕，真後悔不該走這條路，可是事已至此，只得硬著頭皮向前走。走著走著，突然，他發現前面有一處光亮，似乎是一個人提著一個燈籠在走，他疾步趕了上去，正想打聲招呼，卻發現是一個盲人，一手拿著一根竹竿小心翼翼的探路，一手提著一個燈籠。他納悶了，忍不住問盲人：「您自己看不見，為什麼要提個燈籠趕路？」

盲人緩緩的說道：「這個問題不只一個人問我了，其實道理很簡單，我提燈籠並不是為自己照路，而是讓別人容易看到我，不會誤撞到我，這樣就可保護自己的安全。而且，這麼多年來，由於我的燈籠為別人帶來光亮，為別人引路，人們也常常熱情的攙扶我，引領我走過一個又一個溝坎，使我免受許多危險。你看，我這不是既幫助了別人，也幫助了自己嗎？所以，每到晚上出門，我總提著一盞燈籠。」

正是這樣，所謂「贈人玫瑰，手有餘香」。你對別人微笑，別人也會還以微笑；你給別人一分支持，人家可能給你十分幫助。每個人的資源都具有特殊性，那些可以共用的就拿出來分享，當你養成這樣的習慣，就會發現不知不覺中，你的前面已經有了一把梯子等著你去攀爬。其實，當你刻意尋找那把梯子的時候，往往什麼也看不到；而當你無意間幫助別人的時候，你就會發現自己的前方忽然也變得一片光明。

在職場，你的熱情、你的善意、你的友好、你的微笑，都是讓你找到那把往上爬的梯子的有力武器。當你能夠時刻運用這些武器帶給大家幫助的時候，你也就被自然而然的，抬上了那把人人都想上去的梯子。

同事間的應酬藝術

踏上了工作單位這個舞台，一舉手一投足都免不了與同事的寒暄、應酬。如果說一個人的工作態度、辦事能力以及個人才華是使他得以步步高升、平步青雲的「硬體」，那麼是否能被上下認可、左右逢源、深諳應酬的藝術恐怕就是出人頭地的「軟體」了。

把同事吸引到自己耳邊是應酬的目的，但首先要使自己「被吸引」到同事們那裡去。你認為有些同事可能對你不怎麼重要，但也許說不定何時他們卻對你關係重大。只有爭取同事的擁戴、贊同，贏得人心，才是平日應酬的最大成功。要知道一個籬笆三個樁，一個好漢也少不了三個幫。

君子之交，有所不為。在現代社會中，那種若即若離、不遠不近的同事關係被認為是最難得和最理想的應酬哲學。與同事相處，終日正襟危坐，嚴肅、客氣都不好，人家會認為你不合群、孤僻、不易交往；太套交情、太「知無不言，言無不盡」了也不好，容易讓別人說閒話，也容易讓上司誤解，認為你是在搞小圈子，動機不良。說來說去，還是君子之交淡如水為好。

傑克是一家大汽車公司的員工，由於工作勤奮努力，成績斐然，在短短的幾年間步步高升，事業可以說是一帆風順。而有幾位跟他一同起步的同事限於能力和機會，卻至今仍保持著多年前的原狀。因此在大家相處之時，傑克總覺得不太自然，甚至還有些戰戰兢兢。起初他為了避免老同事們指責他過於高傲，惹上「一朝得志便不可一世」的批評，頻頻的請這幾位老同事吃飯，而且說話也比過去更加小心、客氣了，飯菜等級更是極顯尊重。不料同事們不僅沒領他的情，反倒認為他簡直得意忘形，太「招搖」了，甚至越發不平衡起來，認為他原本就是個「草包」，原來就是憑著這些「卑劣」手段爬上去的。傑克最終落了個「賠了夫人又折兵」的下場，氣得幾乎吐血。痛定思痛之後，他決定卸掉包袱，輕裝上陣，僅以平常心淡然面對平常事，一切竟然又應付自如了。

公事上，傑克「謹記大公無私」的原則，若是自己的直轄下屬，就採取冷靜的態度，獎罰分明，說一不二，絕不再抱「大家都共事這麼多年了，算了吧」的想法。但在私底下，傑克仍然與他們保持一定距離，投契的就當做朋友一般看待，不能合拍的也不再刻意去改變。若不屬於自己的直接下屬，公事上很少相交就簡單好辦多了，平日見面，大可「友善」一番，「友善」之後也絕不會再額外「加溫」，同事之間恐怕也須淡如水。

傑克的經驗告訴我們，只有和同事們保持適當距離，才能成為一個真正受同事歡迎的人。不論職位高低，每個人都有自己的工作範圍和責任，所以在權力上，聰明的人都不喧賓奪主，但也永遠不會說「這不是我分內事」之類的話，因為過分涇渭分明只會搞壞同事間的關係，而過分涇渭不分，也不利於同事圈這一特定範圍。

孟子說過：「人有不為也，而後可以有為。」同事之間，說人長短，製造是非之舉理當不為。比較小氣和好奇心重的人聚在一起就難免說東家長、西家短，雖說偶爾加入他們一夥，胡亂批評或調笑一些公司以外的人的軼聞趣事，倒也無傷大雅，但是對同事的弱點或私事，保持緘默才是最明智的做法。公私分明是重要的，不搞小圈子也同樣是多少「過來人」的經驗。眾多同事中，自然難免會有一兩個特別投緣的，私下裡成了好友也無可厚非，但是無論自己的職位比這位同事兼好友的人高還是低，都不能因為兩人關係好就做出偏袒的事情。一個公私不分的人永遠做不了大事，何況任何主管都討厭這類人，認為不值得信賴。

同事之間，一方有困難，另一方負有道義上不容推卸的責任，但是卻並非任何時候都應出手相援，而是同樣要有所不為。這就要看看這種幫助屬於何種性質。我們知道，同事是就某一個小團體中某些人相互之間的關係而言的，但是對於這些人而言，他們不僅生活在同事之間的小環境中，而且在整個社會生活中具有更為廣泛的社會聯繫，因此，如果不能正確的協調這兩個關係，那麼結果則會不那麼令人滿意。

為什麼這麼說呢？因為一個生活在社會之中的人，他不僅有著同事間的相互關係，還受到社會中輿論、道德、法律等的約束。所以，當同事遇到困難和問題時，不能僅僅從自己是他的同事這個角度來看待這個問題，一味的盲目相助，重要的是應當看到這種幫助的結果。如果說這個問題是與社會中其他關係發生了抵觸，那麼幫助的角度就應當注意到與社會之間關係的平衡。不分是非、沒有分寸的簡單幫助是不可取的。「為同事義不容辭」，說起來雖然可歌可泣，令人佩服，但如果在任何時候都像別人的應聲蟲一樣，絲毫沒有自己的見解，一味附和別人的意見，那又怎麼能叫幫忙呢？何況更多的情況下是「義不容情，法不容情」，有所不為才是真君子。

現如今，越來越多的人信奉「同事之交，乃君子之交也」。君子之交，理當有所為，有所不為。所謂「君子之交淡如水」恐怕就是提倡一種同事間的適距原則：「太近則暱，太遠則疏，過於親暱則遭忌，忌則謗生；過於疏遠則遭議，議論多則是非生。」那麼，還是淡如水的好啊！

尊重別人的建議

我們要以平靜而又開放的心態面對七〇年代人的人生價值觀和八〇年代人的人生價值觀，並學會尊重身邊每一個人的個人價值觀。「一九八〇年之後出生的一代人就是有點浮躁，個人主義比較強，不肯認真聽取別人的建議，結果導致自己走了太多的彎路。」

許兵是一位年輕人，他一九八三年出生，是家中的獨子，很早便來大城市上學，去年畢業留在了城市裡發展，現在在一家企業裡擔任部門主管。「剛畢業那陣子，我也聽不進別人的建議，自己莽莽撞撞走了許多彎路，碰了許多壁，不過，我有位特別好的朋友是七〇年代末生的，我們經常在一起，同時也結伴旅行，我從他的身上學到了許多東西。同時，透過我們之間的溝通和交流，我也知曉了這樣一個道理：在職場上學會理解別人的價值，並尊重別人的建議，對提高自己的工作效率和自己的職務升遷都有著重要的作用。後來，我改變了自己的行為，在工作中贏得了同事的信任和老闆的賞識。」八〇年代出生的大學生知識結構和層次要比七〇年代的大學生高，他們接受能力非常強，能夠很簡單的掌握新知識，並運用到實踐中，他們小小年紀就懂得如何達到自己的目的。但是，他們因為從小受生長環境因素的影響，自我主義傾向表現得比較強烈，所以在工作中往往聽不進別人的建議，有時候，甚至連尊重別人建議的職場禮貌也達不到。這一點也可以說是導致許多這一代職場新鮮人陷入人際關係僵局的主要因素。

目前企業內的職員年齡分布多為六〇年代到八〇年代人，「生於六〇年代的員工一般是核心主管，講理想、講責任、講熱情；生於七〇年代的員工是背靠背，他們多是中堅力量和主力，考慮的是回報與付出是否平衡的利益；生於八〇年代的員工則是臉貼臉，他們以快樂為導向，堂而皇之的做新新人類」。因為利益關係和價值觀的不同，在企業中占中層及以下職位主體的七〇和八〇年代出生的人之間的衝突十分明顯。

根據調查資料顯示，七〇年代人中相當一部分人已經成為經理人，因為他們敢於冒險，並善於做賺錢生意，以七〇年代人特有的思維來衡量「值不值得」，所以，專業經理人中很多精英都是七〇年代生人，包括行銷總監、人力資源總監、財務總監、研發總監、物流總監等等。與企業的效益和利益掛鉤的年薪制給七〇年代出生的人更多的發揮空間，他們信奉「我給企業帶來了什麼，我才能得到什麼，做得出色才能得到更多」，而年輕人不乏衝勁、冒險和理智的結合，使他們更容易接受期權、股權、獎金、紅利等激勵方式。

一九八〇年之後出生的新型員工最痛恨被束縛，他們更傾向於接受具有彈性、突顯個人風格的工作方式，他們渴望成功又不願意忍受工作中的平淡和枯燥。因此，這幾代人的價值觀之間也產生了一種矛盾和衝突。

所以，在工作之中，我們要以平靜而又開放的心態面對七〇年代人的人生價值觀和一九八〇年後出生的這一代人的人生價值觀，並學會尊重身邊每一個人的個人價值觀。只有具備了這樣的心態，我們根據不同人的人生價值觀來判斷其在工作中的建議，並學會尊重對方的建議，理解對方在工作中思考問題的角度。這樣，才會有助於自己的發展。

每個人的價值觀不是與生俱來的，而是在一定的生長環境、教育環境、工作環境中逐漸形成的。年齡相差二十歲的兩個人，價值觀必然不同。

有很多上司感嘆：「現在的年輕人，真不知道他們想的是什麼！」這是由於上司和年輕人的價值觀不同造成的。比如，有的上司有這樣一種自負心理，認為「這個公司是由我們老一輩一手創造和發展起來的」。這種自負心理的累積也會形成他們的價值觀，自尊心也就這樣形成了。可是，年輕的職員們不具有這樣的觀點和心理，兩代人之間就產生了差距，價值觀也就因此而不同。

如果隨便否定上司的觀念，對上司說：「劉經理，你的觀點太落後了，早已跟不上當今的時代了！」這樣必然會惹怒上司的。

如果你被別人批評了自己引以為榮的地方，也一定會覺得自尊心受到了傷害吧！也一定會對那個人心生反感吧！

的確，有些上司的觀念跟不上時代步伐。但上司有自己的自尊心，所以要善於從上司平時的言行，把握上司的觀念和心理，學會尊重上司的價值觀和工作中的建議，避免發生有傷上司自尊心的行為。當然，我們不應該把尊重別人的建議和行為僅限於公司的內部，在社會上行走和交際，我們也應該學會這樣，這樣有利於塑造自己的人格和人際關係。

在工作中遇到問題時，我們思考的角度通常都是以自己為中心的，假如我們經常站在他人的

第十章 協調你的人際關係

尊重別人的建議

立場或者角度上來考慮這些問題，就能發現一些隱藏在問題背後的深層背景和原因，並尋求到最佳的解決策略。

當然，一九八〇年之後出生的一代人，自我意識都比較強，常常在工作中把個人的思想和一些具體的看法都擺在第一位，而忽視了同事或者客戶的看法，這種狀況容易把自己陷入工作的泥潭之中，無法自拔。因此，我們鄭重提醒職場上的年輕朋友們，一定要在工作中學會站在他人的角度上考慮一下實際中的難題，這樣，才能幫助自己快速的在職場中成長起來。

張剛是國立美術院校畢業的設計師，畢業後進人一家服裝設計公司工作。剛開始，主管就安排他拿著自己設計的草圖親自去拜見客戶，恰好他所拜見的幾個客戶都是一些服裝行業裡的高級設計師，雖然這些客戶從來沒有拒絕見他，但也從來沒有認可他所設計的這些草圖。經過許多次的失敗後，張剛覺得一定是自己的方法有問題，所以他決定每星期利用一個晚上的時間去學習一些與人打交道的知識。後來，他從一本書中發現了這樣一句話：「嘗試著從他人的角度出發來解決問題。」之後，他有所領悟的帶著新的草圖出發了。

這些草圖都是沒有完全完工的圖樣，他拿著這些草圖分別拜見了這些設計師。「我想請你幫我一點忙，這裡有幾張尚未設計完成的圖樣，請你告訴我，如何把它完成，才能適合你的需要?」

這些設計師一言不發的看了一下草圖，然後說：「把這些草圖留在這裡，過幾天你再來找我。」三天後，他回去找設計師，分別聽取了他們的意見，然後把草圖帶回工作室，按照設計師的意見認真完成。

張剛說道：「我原來一直想要讓他們買我提供的東西，這是不對的。後來他們提供意見，他們就成了設計人，結果就都分別認可了這些草圖。」

如果你經常站在對方的角度考慮問題，那你就會節省不少時間及苦惱，而且，除此以外，你將可大大增強自己在做人處世上的技巧。

金華是一家汽車展示中心的業務主管，因為所學專業的原因，他剛畢業進入這家公司不到半年就被老闆提拔到了這個位置。當上主管後，他發現自己的下屬做事時沒有精神，態度散漫，於是召開了一次業務會議，鼓勵下屬說出他們對公司的期望。

然後，他把大家的意見寫在黑板上，然後說道：「我可以給你們所希望得到的，可是希望你們告訴我，我在你們身上能獲得些什麼呢？」他很快有了滿意的答案，那就是忠心、誠實、樂觀、進取、合作以及每天八小時的熱忱工作。其中有人甚至願意每天工作十四個小時。這次會議的結果，使他的下屬們充滿了新的勇氣、新的激勵，目前銷售業績激增，公司業務蒸蒸日上。「這些人與我做了一次道德交易。」金華說，「只要我實現自己的諾言，他們就會實現他們的諾言。我徵求他們的願望和期待，這一做法剛好滿足了他們的需要。」

世上的事物都是有多面性的，從不同的角度看問題，對於處理問題的靈活性和尋找解決的辦法都有所幫助。其實，在工作中碰到問題後，我們都會有一點情緒，所以要控制好自己，同時，處理問題時也不必非要直來直去。如果我們憑藉自己的觀點和思維來解決問題，則容易讓自己吃更多的苦、碰更多的壁，常常還不能解決實際的問題，要學會站在他人的角度考慮，這樣，問題也許就會迎刃而解。

當然，工作中的問題有重要和次要的區別，對事關重大的問題，一定要原則性強，而次要的問題，只要能最終達到目的，完全可以靈活處理的。一般情況下，老闆交給每個人任務，肯定希望這個人有能力獨立完成，這裡包括獨立解決問題，獨立控制局面。所以有小問題的時候，只要自己能解決，就沒有必要向主管一一彙報，這樣讓主管也省心放心，自己也靈活了。所以在工作中也要學會站在老闆的角度保證大局，靈活局部，這也是工作中獨立自主的表現。

主動給人找台階

寬容並不意味著一味忍讓，但學會最大限度的寬容，就能避免許多尷尬。金無足赤，人無完人。在工作中，誰都可能有錯誤和失誤，誰都有可能陷入尷尬的境地。因而，給人一個台階，是為人處世應遵循的原則之一。

給人一個台階，最能顯示出一個人的良好修養。只有襟懷坦蕩、關心他人的人，才會時刻牢記給人一個台階。在受到傷害時，許多人都會與對方針鋒相對的吵鬧一番，結果使雙方都十分難堪。雖然寬容並不意味著一味忍讓，但學會最大限度的寬容，就能避免許多尷尬。

給人一個台階，往往會贏得友誼，得到信賴。給人一個台階，往往是擁有朋友的開始，也是自己成功的開始。

同一個辦公室裡有年齡、條件相仿的同事實在是件很討厭的事，人人都會把你們兩個人拿來比較，本來沒有心結的，慢慢也會感染不自然的情緒。其實辦公室裡同事間本來就是既合作又競爭的關係，若換個角度想，以健康心態看待競爭關係，當同事能力越來越強，等於是在無形中促使你提升實力。更何況，在全球化時代，本來就不應該把眼光局限在一個屋簷下的同事，而應該將全球的精英視為真正的競爭者，如此一來，自然就不需要把同事當「冤家」看待了。

當然，排擠同事的人，一定也會遭到其他人的排擠；另外，把同事當做阻擋前途的障礙的做法，一定也難以在辦公室裡立足。因此對於在辦公室裡跟自己有工作關係的人，不妨試著去讚美他，或請他幫一個小忙，往往可以神奇的化解彼此之間的敵意，當然，如果對方碰到一些尷尬的事情，如果我們能夠主動替他找到可以度過難關或者窘境的台階，也一定會贏得對方的信任和感激。

一九五三年，一個政府代表團慰問駐在當地的前蘇聯軍隊。在代表團舉行的招待宴會上，一名蘇軍中尉在翻譯對方長官的講話內容時，譯錯了一個地方。代表團的一位成員當場做出了糾正。這使代表團的長官感到很意外，也使得在場的蘇聯駐軍司令大為惱火，要撕下中尉的肩章和領章。宴會廳裡的氣氛頓時緊張起來。

這時，代表團長官不失時機的替對方找了一個「台階」，他溫和的說：「兩國語言要做到恰到好處的翻譯是很不容易的，也可能是我講得不夠完善。」並慢慢重複了譯錯的那段話，讓翻譯仔細聽清楚，並準確的翻譯出來，緩解了緊張氣氛。代表團長官講完話後在與蘇軍將領等人乾杯時，還特地與那位翻譯單獨乾杯。前蘇聯駐軍司令和其他將領看到這一景象，在乾杯時眼裡都含著熱淚，那位翻譯被感動得舉著杯子久久不放。這種做法其實可以讓許多職場上的朋友學習和借鑑。

宋華和趙一凡都是剛剛畢業的學生，在一次徵才活動上被同時招進了一家生產家具的公司，開始擔任電子數位控制方面的技術人員。因為在畢業時間、學歷和技術、技能方面，兩個人都差不多，無形中成了一對競爭對手，可宋華在競爭的過程中，還是抱著一種寬容和大度的態度來與自己的這位同事和諧的相處。

有一次，趙一凡在工作的過程中，因為偶然的失誤，把一組急需要的資料弄丟了。當主管向他要資料時，趙一凡說剛剛丟了，還沒有等趙一凡解釋，主管就有些生氣的開始責備起了他，恰好宋華也剛剛在場，便幫他開脫說：「我們兩個剛剛發現那組資料因為用過去的那種傳統方法收集，誤差太大，不利於加工的準確性，因此放棄了，想重新計算一番。」主管這才壓下了怒火，讓宋華協助趙一凡繼續整理那些資料，因為這次事情，趙一凡對宋華最初的敵視態度轉變成一種工作中的熱情友誼了。

其實，世界上沒有十分完美的人，所以在工作中，我們也要學會適應他人、迎合他人，這也是主動給人找台階的一種行為。

有一次，小鄭和他的上司外出辦事情。上司人很好，有許多值得他借鑑的優點，可是他也有一個不為常人知道的小小缺憾——晚上睡覺時愛打呼。這對他自己來說可能影響不大，可對於和他共居一室的小鄭來說就近乎折磨了。然而因為他是上司，小鄭只有慢慢學著適應他。隨後幾天，小鄭開始體諒上司的苦惱：為了這一點缺憾，上司自己甚至沒少遭到妻子的冷落。而對他來說，這一切又不是故意的，這並不是他的錯。說來也怪，當小鄭替上司著想後，上司的鼾聲就再沒給他造成多大的折磨，他甚至有些羡慕他的上司睡得是那樣甜，從心理上適應了他。當你把一個人的缺點都適應了的話，你肯定會很快被他所接受。此後，小鄭和上司成了很好的朋友，上司給予了他許多幫助和關心，小鄭也逐漸在公司站穩了腳跟，一切都很順利。

現代職場中的關係普遍都是一種競爭與合作的關係，只有我們胸懷大度，主動學會為別人找台階，才能贏得大家的信任和支持，開闢自己人生和事業上的一種新局面。身在職場，每個人都應該巧妙的為未來做決策，這樣的考慮越是周全，未來的路也就越是平坦。一個對未來毫無準備的人，是很難在未來立足的。那麼你如果想讓自己在未來有更大的發展空間，首先就應該為自己儲存一份寬容之心，寬容能讓你贏得更多好朋友，多一點寬容，就能多一點機會。

那種心胸豁達的人，總是深受大家歡迎，他們的路也似乎總是很順暢，其實他們也會遇到煩心事，也會遇見不喜歡的人，也會為一些意料之外的情況彷徨；不過他們心胸寬廣，總能努力發現所經歷的人和事的優點，於是他們總能找到更多的機會，從而扭轉局勢。而那些氣量狹窄、從不寬容別人的人，將很難得到別人的幫助，其事業發展也將會面臨較大的局限性。

華人向來提倡「不責人小過，不發人陰私，不念人舊惡。三者皆可養德，亦可以遠害」。這說明一個人如果心存善念，肯寬容別人，就能提升自身修養，也能遠離禍害。寬容待人，就是在心理上接納別人，學會接受別人的短處、缺點和錯誤，這是理解和尊重別人的原則。別人犯了一點錯誤，你就當眾指責；別人有某種難言的隱私，你卻偏偏當眾揭發令他難堪；別人和你有一點嫌隙，你就時時記著去報復，這些都不是正確的待人之道。寬容是人和人之間必不可少的潤滑劑。

寬容和誠實、勤奮、樂觀等價值指標一樣，是衡量一個人氣質涵養、道德水準的尺度。寬容別人是對對方的一種尊重、一種接受，有時候寬容就是一種力量，能促使你擁有更好的人緣。

有一位業務員，外出時丟失了手提包，裡面除了一些錢和物品，還有公司的公章。當他既內疚又擔心的站在總經理面前，講完所發生的事情後，總經理笑著說：「下次注意就行了，正好你用的手提袋太破舊了，我再送你一個吧。你以前的工作一直非常出色，公司早就想對你有所表示，但一直沒有機會，現在機會終於來了。」

那位沒有暴跳如雷的總經理，用寬容的態度處理了這件事，使業務員心懷感激。後來這位業務員銷售業績越來越好，成為公司舉足輕重的人物。任憑其他公司用多麼優厚的待遇聘請他，這位業務員都不為所動。

其實，寬容就是最好的溝通，能容人者自己也高興，被人寬容的人則會心懷感激。如果世界能多些寬容，也就會少很多罪惡，多更多美滿了。假如你在生活中受到了不公正的待遇，或者你身邊的人做錯了什麼，千萬不要生氣憤怒，而應學會寬容。

不寬容別人的人容易生氣，如果別人做錯了，則會用別人的過錯懲罰自己；如果別人沒有錯，也要弄出一些是非才甘心。這是一種於人無益於己有害的思想意識，必須加以杜絕。

李紱做過一篇《無怒軒記》，他說：「吾年逾四十，無涵養性情之學，無變化氣質之功。因怒得過，旋悔旋犯，懼終於忿良而已，因以『無怒』名軒。」李紱「無怒」，我們「寬容」如何？寬容並不等於懦弱，而是用愛心淨化世界，是大徹大悟，是退一步海闊天空。寬容是愛的內涵之一，那些懂得寬容的人，總能贏得別人的尊重和愛戴。寬容的心無私，於是活得釋然，能真正領略到生活滋味。

投我以木桃，報之以瓊瑤。把寬容插在水瓶中，它便綻出新綠；播種在泥土中，它便長出春芽。追求成功的你，學會寬容吧，寬容能提高你的德商，幫助你建立廣闊的人脈資源。互相寬容的世界一定是和平美麗的。

當你在工作中或者生活中遇到不順心的事，而對這世界有所抱怨的時候，不妨學著寬容一點、忍耐一點，這是你為自己種下的「善因」，也一定會收穫一份「善果」。

把你的同事發展成戰友

身在職場，能夠敏感的發現同事之間的潛規則並做出恰當回應是很重要的。對人際關係敏感性高的人，會迅速把握人際資訊，合理調整自己的角色，從而改善促進自己的人際關係，贏得同事的歡迎。

在工作中雖然努力敬業的同事值得尊重和學習，但職場的潛規則卻警告有些懶散偷閒的同事也不能得罪。

魏瑩原以為外商公司的人各個精明能幹，誰知她過關斬將拿到門票進來一看，不過如此：櫃台祕書整天忙著走時裝秀，銷售部的小張天天晚來早走，三個月了也沒見他拿回一個單子，還有統計人員秀秀，整個一個吃閒飯的，每天的工作只有一件事：統計全公司八十五個員工的午餐成本。魏瑩不禁驚嘆這時代竟然還有如此的閒雲野鶴。

有一次魏瑩去行政部找阿玲領辦公用品，小張陪著秀秀也來領，最後就剩了一個資料夾，魏瑩笑著搶過說先來先得。可秀秀不高興了，說她剛來哪有那麼多的文件要放？魏瑩不服氣，說秀秀除了一張報表就啥也不做了，又有什麼文件。秀秀一聽立即拉長了臉，阿玲連忙打圓場，從魏瑩懷裡搶過資料夾遞給了秀秀。

當魏瑩氣哼哼的回到座位上時，小張端著一杯茶悠閒的進來說：怎麼了，有什麼不服氣的？我要是告訴你，秀秀的小阿姨每年給我們公司五百萬的生意……然後打著呵欠走了。

下午，阿玲給魏瑩送來一個新的資料夾，一個勁的向魏瑩道歉，說她得罪不起秀秀，那是總經理眼裡的紅人，也不敢得罪小張，因為他有廣泛的社會關係，不少部門都得請他幫忙呢，況且人家每年都能拿回一兩個政府大單。魏瑩說那就得罪我唄，阿玲嚇得連連擺手：不敢不敢，在這裡誰也得罪不起呀。魏瑩聽了，半天說不出話來。

其實稍動腦筋魏瑩就會明白：老闆不是傻瓜，絕不會平白無故的讓人白領薪水，那些看似遊手好閒的平庸同事，說不定擔當著救火隊員的光榮任務，關鍵時刻，老闆還需要他們往前衝呢。

所以，千萬別和他們過不去，實際上你也得罪不起。

雖然公司的總經理經常說同事之間要互相幫助團結友愛，但有些事千萬不是不要幫，小心好心辦了壞事。

客戶主任 Sunny 就曾當了一次尷尬的冤大頭！那次時值月底，正是她這種月光女神最難捱的痛苦時光，偏偏又趕上付房租，囊中羞澀的 Sunny 只好向同事 Kate 求助，第一次開口借錢，Kate 自然不好拒絕，很痛快的幫她解了燃眉之急，可是三千塊錢也不是一時就能還清的，拮据的 Sunny 只好一次次厚著臉皮請人家寬限，最後一次，Kate 回答 Sunny 說不著急，前幾天給女兒交學琴費急著用錢，不過已經想了辦法。

Sunny 沒有心計的連聲道謝，過後就被「好事者」指出其實人家是在暗示你還錢呢，再說了，你滿身名牌會還不起這三千塊錢？誰信？話裡話外都在影射 Sunny 的賴帳。Sunny 心裡別提多麼不舒服了，第二天馬上找到同學拆牆補洞，才算暫把這一層羞給遮住，至於日後是否留下不良口碑，Sunny 卻是想也不敢想了。

的確，誰讓這年頭時興本末倒置，欠帳的是小姐，賒帳的是丫鬟呢！「同事」是以賺錢和事業為目的走到一起的革命戰友，儘管比陌生人多一份暖，但終究不像朋友有著互相幫襯的道義，離開了辦公室這一畝三分地，還不是各自散去奔東西。如果你不想和同事的關係錯位或變味，就不要和同事借錢。所以說，職場女性要善於及時發現並讀懂同事的潛在語言，對你日常工作中建立良好關係是很重要的。

第十章 協調你的人際關係

把你的同事發展成戰友

許多人都抱著這樣的態度：工作和生活是兩回事，盡可能把工作和生活分開。可是，有人常常會把這種關係混淆，譬如原來的好朋友變成了自己的同事的時候。更重要的是，這種雙重關係會影響到你在職場上的方方面面，到底是看重朋友還是自己的職場前途，有時會成為你的一道難題。

石蕾和蕭若欣在大學裡就是好朋友，同吃同住，形影不離。關係好得讓人嫉妒。畢業以後，石蕾去了一家外商工作，而蕭若欣到了一家小企業。與待遇優厚的外商企業相比，小企業的收入就顯得微薄了，所以每次兩個人週末一同逛街，石蕾都要鼓動蕭若欣跳槽到自己所在的公司。「你在那裡賺錢那麼少，有什麼可以留戀的？」石蕾問蕭若欣。

蕭若欣說：「這裡到底比外商穩定一些，就是收入太少了。」她心裡其實早就動了跳槽的念頭，只是一時還拿不定主意。

石蕾說：「還猶豫什麼呢，就這樣決定了，我們公司好幾個部門都要找新人，我和主管私下說說，你就到我這個部門來吧，我們天天見面，下班還可以一塊練瑜伽，一塊做美容。」

蕭若欣就這樣到了石蕾所在的部門。

可是跳槽以後，蕭若欣覺得難以適應。外商企業的收入的確高，但工作強度和壓力相對也比較大。她以前一直過的是朝九晚五的生活，雖然收入少些，但比較清閒，不像現在動不動就加班。

「都怪她，非得勸誘自己過來」，蕭若欣心中不禁對石蕾產生了一些怨言。

蕭若欣負責公司的報表核查、登記工作，假如有誰的報表沒有按時完成或者內容不完整，她都要記錄下來，呈送主管。月末登記報表時，石蕾的報表沒有按時送到。石蕾說是因為這個月比較忙，過兩天一定補上，要她別報給主管知道，到時再幫她偷偷塞進去就行了。

蕭若欣有些為難，「萬一主管查對怎麼辦？」她堅持讓石蕾立刻去做報表。

石蕾心想：「我們這麼要好，何必對我要求這麼嚴格？何況還是我幫你引進來的。」

而蕭若欣想的卻是：「是你把我拉來這個公司，萬一工作做不好，立刻就會被炒魷魚，明知我們這麼要好，就不該為難我，把事情做好，讓我好對上面交代。」

蕭若欣就將此事記錄下來，報給了主管，結果石蕾被扣發了當月的獎金。

石蕾知道這個結果時，面色鐵青，晚上本要和蕭若欣一起去練瑜伽的，也沒有叫她，自己走了。

兩個女孩子之間延續了幾年的友誼，就此宣告破裂。

有人說女性之間沒有真正的友誼，因為女性更容易受利益的驅動和影響，沒有男性那種「士為知己者死」的豪邁之情。這話未免絕對了些，但是與男性相比，女性朋友在職場中確實更容易產生矛盾，有時甚至連友誼都不能保留。很多女性之間的合作，開始的時候熱情如火，宛如親生姐妹，但翻臉也常常在一夜之間。

石蕾以為將朋友「挖」到自己的公司，從此就多了個意氣相投的夥伴，沒想到兩人最終卻成了陌路，甚至連一般的同事關係都沒能維持。她最大的教訓在於，最初就不該將朋友「挖」來。

做學生時建立的友誼，因為沒有任何利益的糾葛，所以純真美好，可是工作中的相處則複雜微妙得多。將朋友關係變成同事關係，本就是吃力不討好的事，更何況朋友一開始並非特別堅決的想要跳槽，而是她竭力鼓動的結果，這樣，一旦對方工作中有不滿意的地方，很容易出現抱怨的情緒。

石蕾的另一個失誤，就在於她混淆了公私之間的界限。在職場中夾雜私人感情在裡面，往往會影響工作效率，她以兩人的感情好為由，讓蕭若欣顧及朋友情誼而包庇她，蕭若欣如果答應她，則破壞了自己的職業守則，如果盡職盡責，兩人的友情就再也無法挽回了。

其實，現代社會對職業的要求不過是適者生存，也許你是心無城府的，但你必須學會在壓力中求生存。下面幾招可以幫助你度過水土不服。

1．主動結交朋友

在一個複雜的人際環境中，你絕不可因為清高而不屑於與他們之中的一些人結為盟友，否則你會很孤立很吃虧。也許你會認為有點丟面子，喜歡用你的工作實力說話，那你可就要忍受一些孤立。其實，現代社會最需要團隊精神，你不妨試著改變自己！

2．不揭開別人的隱私

在辦公室裡，你無意中一句話也許就觸到了別人的禁忌。信任是可遇不可求的，一旦信任被破壞，再建立起來就會很難，把別人的祕密永遠留在肚子裡吧。

3．嬉笑怒罵保留分寸

同事之間不能天天綳著臉，工作之餘或聚會時常開點玩笑，既可以活躍氣氛，又可以放鬆神經，還可以拉近同事間的距離。會開玩笑的人，在意見分歧時，可使玩笑成為緊張局面的緩衝劑，化干戈為玉帛。玩笑有時還可以用來委婉拒絕同事的要求，進行善意的批評等等。但玩笑要達到目的，關鍵在於「玩」，千萬不要把玩笑開得過了火。

4．保持心態上的平衡

對上司你可能感到懷才不遇，在辦公室中，你又可能遇到一群不省油的燈，像越老越自以為是的前輩、剛進公司就精於鑽營的小妹、起點與你一樣但處處要占優先者，等等。如果要在這樣一群人中爭出地位來，簡直是不可想像的。

這時候，你所要做的就應該是保持一份平常心，畢竟一天之中只有八小時在辦公室中，而且你不必時刻面對所有這些你討厭的人，你可以韜光養晦、靜待時機，笑看風雲。職場中學會像男人一樣豁達，才能讓你心態更平和，人緣口碑更好，部門工作也會更上一層樓。

突圍職場冷暴力

在競爭日趨激烈的職場，人際淡漠，關係緊張。不少上班族正在冷暴力中備受煎熬：上司不留情面的否定你，邊緣化你；同事對你不理不睬……「冷暴力」這種本指家庭成員之間出現矛盾而又找不到調和的方式時，採用非暴力的方式刺激對方，致使一方或多方心靈上受到嚴重傷害的行為，也在向職場蔓延。

社會心理學研究指出，因人際關係反應傾向不同，表現為不同的人際反應特質，包容欲弱的人反應特質為排斥、對立、疏遠、迴避、孤立，包容欲強的人則正好相反。這就構成了人際交往需要的強度差別。

兩年前，李娜是上司器重的明星員工，市場部絕對的紅人。剛開始時工作關係一直都很融洽。兩年前的一次工作會議，因為一個新方案使他們產生了分歧，當場爭執起來。會議結束後，李娜去張經理的辦公室想解釋一下，可是張經理卻看都不看她就走了出去。李娜安慰自己說經理正在氣頭上。誰知從那天起，張經理再也沒有跟她說過一句話，不知不覺中兩人積怨已深，工作上的事情也不交代給她。

如今，她簡直就被「乾晾了起來」，本該她做的工作，老闆卻故意讓其他人去做，以前應該有她參與的大區例會，也除了她的名……李娜說自己簡直像被打進了「冷宮」，她甚至厭惡去辦公室。近一年來的種種遭遇讓她變得壓抑而沉悶，人也灰頭土臉。漸漸的，李娜變得壓抑而沉悶，在公司很少說話，團體活動也不再參加。前段時間她開始頻繁的胃痛，去醫院檢查時，醫生說是因長時間的氣滯淤心所致。

李娜所遭遇的情形在職場中並不少見，她因長期飽受譏諷、漠視甚至於停止日常工作等逆向刺激，使其精神上飽受折磨，心理上壓抑、鬱悶。而人處在情緒低落和消極期間，身體的消化、免疫、思維、代謝等功能都將受到損害。這種鬱鬱寡歡的心理最終帶來了胃腸神經症。那麼，如何突圍上司給予的冷暴力呢？

1．不要被自己的意識擊倒。

冷暴力其實就是一種非言語、無身體接觸式的交流，是一種在意念中的交流，最後實際上是被自己的意識擊倒，倒不一定真是被對手打敗。李娜就是一個典型的例子，她與上司之間可能更多的是在用行為、眼神、身體姿勢交流，彼此言語溝通的機會太少。如果李娜把冷暴力當作一次考驗：上司是故意冷落自己，給自己一個成長鍛鍊的機會，不給自己過多心理暗示，結局也許不會這樣。但李娜卻完全被自己的負面情緒擊倒，沒有去積極的影響上司或者本能的保護自己。

2．想要什麼，就大膽說出來。

建議那些遭遇冷暴力的職場女性，如果能更多的了解自己在與上司的關係中和工作過程中希望得到哪些滿足，並按適當的方式獲得滿足，小事化了，才能避免積怨過深引發的冷暴力。

3．主管心思你別猜，別費勁鑽牛角尖。

被上司「乾晾」起來的李娜，已經厭惡去辦公室，她和主管的冷戰已經是持久戰了。其實遭受上司冷淡對待，一定是你在某方面做得不讓上司滿意，即使是誤會，錯的也一定在你。不要過多猜測主管的做法和意圖，上司只是用冷淡來提醒你，希望你自己去「悟」，他在等著你主動承認或改正錯誤。當然，如果上司徹底不聽解釋，也沒給你機會，那也就基本等同「勸辭令」了。

就李娜而言，首先，她可退而避之，申請調離該部門或另換一份工作，脫離這種不利因素的惡性循環。其次，要尋求心理治療，採用各種鬆弛療法結合精神療法，在精神上放鬆對這件事的緊張程度，並適當的配以抗憂鬱藥物治療。再次，要培養良好的情緒，遇到不順心的事不要憂心如焚，養成豁達開朗的性格，保持樂觀無憂的心境。注意飲食調節，多食用一些能讓身心愉悅的食物。保持良好的睡眠，積極參加體育鍛鍊，對調節神經系統功能十分有利。

午餐時不帶你去，聊天時不叫上你，背後偷偷嘲笑你……你的同事們也許並沒有對你做出什麼明顯的暴力舉動，然而，你已經覺得在這裡待不下去。這就是「冷暴力」。

小林來這家房地產公司時間不長，就發現部門裡派別眾多，一夥是以單身同事居多的腐敗圈，下了班不是呼朋喚友的「殺人」遊戲，就是安排各種飯局聚會。另一夥就是媽媽圈，談論的話題無非是老公和孩子。還有一些因共同愛好走到一起的「體育圈」「唱歌圈」等等。小林生性靦腆，人也比較呆板，她對這些各自為政、拉幫結派的小圈子毫無興趣。

每每中午吃飯時，小林總是形單影隻。同事們在一起聊得熱熱鬧鬧時，她卻插不上話。一次午休時，辦公室同事一直有說有笑，等小林推門進來，立馬戛然而止。此刻的小林備感失落和尷尬。

由於經營不善，公司被兼併重組後，大部分人員到了新成立的設計公司，小林留守，準備籌建新專案。但兩家公司還是在一起辦公，作為為數不多的留守人士，小林被劃分到擁擠的小房間裡辦公。每每有業務電話，櫃台人員也是愛答不理，一些業務配合，以前的老同事也是處處都為難自己。小林簡直變成了一人軍隊，孤立無援。五月的一次業務例會上，小林和同事因推廣方案意見不和而發生了爭執。會後，小林也沒有及時向同事道歉，她覺得不過是正常的工作討論，有點小爭執在所難免。但同事卻是十分惱火，對小林也是冷眼相向。沒想到冤家路窄，公司新成立的專案小組要由他倆牽頭，工作需要密切配合，一想起同事那不屑的眼神，小林心裡也是十分擔心害怕。

諸如此類的「冷暴力」每天都在職場裡上演。如果你正在遭遇職場「冷暴力」，你該怎麼辦？一個巴掌拍不響，如何積極化解這種冷暴力，避免自己的職業成長陷入困境？

1. 接受事實，多換位思考。

公司兼併後的小林受到孤立其實也是正常的，換位思考，你就必須接受人走茶涼的事實。此時被孤立，需要謹小慎微，認真觀察，耐心化解一些誤會。而小林和同事爭執激烈，事後還「我以為沒事」，嚴重缺乏換位思考、領會他人的習慣。如果事後就及時溝通，與同事的隔閡也不至於如此嚴重。職場紛爭中，無論你是管理者，還是普通員工，每個職業人都要避免自己成為「公憤型的反感」，因為這種孤立是災難性的。

2. 趕緊改變你的落伍清高觀念。

小林被大家冷落，顯然是自己潛意識中，對那些拉幫結派的人嗤之以鼻。如果你這麼想，你就只能是辦公室「孤兒」。在企業生存，刻意鑽營不是什麼見不得人的事，要想升職嗎？那麼明天就要學會和老闆爬山。如果不能和上司和平共處，也不能融入同事圈中，種種「冷暴力」不僅讓你孤單，也會讓你失去更多利益。

3．沒有永恆的同事，只有永恆的利益。

同事只是為工作目標走到一起的工作夥伴，不要奢望彼此掏心掏肺的友情。人無利，溝不通，在遭受冷暴力侵襲時不妨多反思反思自己的不當之處。

無論是來自上司還是同事的冷暴力，增強自身「免疫力」也是非常關鍵的。凡事不要太較真，要培養自己豁達開朗、樂觀幽默的個性，如果自己的情緒能調節得像火一樣，冷暴力也自然化解了。如果實在不堪忍受，換個東家也沒什麼大不了的，千萬別讓一時的冷暴力從此摧毀你的自信和前程。

官網

國家圖書館出版品預行編目資料

職場不友善，你該怎麼辦：寫給年輕人的就業 × 加薪 × 升遷祕笈！/ 楊仕昇著 . -- 第一版 . -- 臺北市：崧燁文化，2020.09
面； 公分
POD 版
ISBN 978-986-516-466-9(平裝)
1. 職場成功法
494.35 109012657

職場不友善，你該怎麼辦：寫給年輕人的就業 × 加薪 × 升遷祕笈！

臉書

作　　者：楊仕昇　著
發 行 人：黃振庭
出 版 者：崧燁文化事業有限公司
發 行 者：崧燁文化事業有限公司
E-mail：sonbookservice@gmail.com
粉 絲 頁：https://www.facebook.com/sonbookss/
網　　址：https://sonbook.net/
地　　址：台北市中正區重慶南路一段六十一號八樓 815 室
Rm. 815, 8F., No.61, Sec. 1, Chongqing S. Rd., Zhongzheng Dist., Taipei City 100, Taiwan (R.O.C)
電　　話：(02)2370-3310　　傳　　真：(02) 2388-1990
總 經 銷：紅螞蟻圖書有限公司
地　　址：台北市內湖區舊宗路二段 121 巷 19 號
電　　話：02-2795-3656　　傳　　真：02-2795-4100
印　　刷：京峯彩色印刷有限公司（京峰數位）

定　　價：350 元
發行日期：2020 年 9 月第一版
◎本書以 POD 印製